創見文化，智慧的銳眼
www.book4u.com.tw　www.silkbook.com

BUSINESS & YOU

為何遇不到貴人相助呢？

為何話語權總是不夠呢？

為何無法形成賺大錢的系統呢？

為何總覺得自己不夠強呢？

為何總是抓不住機會呢？

面對變化的未來，究竟該學習什麼呢？

**原來這一切的一切，
都源於對 B&U 的未知！**

Business & You

Business & You

～從富勒博士到彼得杜拉克

～從布萊爾辛格到富爸爸窮爸爸

～從博恩崔西到黃禎祥

～企業界・學術界・培訓界

一致推崇・最落地的實務課程

您來，我們全力培訓您！
您不來，我們只好培訓您的競爭對手了！

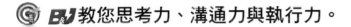

- B&U 教您思考力、溝通力與執行力。
- B&U 教您想像力、判斷力與領導力。
- B&U 培養您的學習能力與複製能力。
- B&U 教您如何用差異化、個性化來塑造價值。
- B&U 教您如何籌錢、籌人才、籌團隊、籌創意。
- B&U 為您揭開潛能的封印！
- B&U 教您收錢、收人、收心、收命，最後收魂。
- B&U 將從根去除九個讓你無法富有的原因！
- B&U 將從內到外，徹底改變您的一切！
- Business & You Is Everything！

沒有等來的輝煌，只有拼來的精彩！
唯有改變自己的態度，
才能改變人生的高度！

全球總部：Taiwan 新北市中和區中山路二段 366 巷 10 號 3 樓
官方網站：https://www.silkbook.com/magic/
聯絡我們：02-2248-7896　　Mail：magic@book4u.com.tw

萬人見證！史上最強！

全球華語總代理 · 魔法講盟 培訓體系
台灣最大、最專業的開放式培訓機構！

全球總部：Taiwan 新北市中和區中山路二段 366 巷 10 號 3 樓
聯絡我們：02-22487896　02-82458318
www.silkbook.com　www.book4u.com.tw

Hypnotic Selling

催眠式銷售

一本書，徹底改變客戶原有的思維

亞洲八大名師 **王晴天** 著

催眠式銷售

本書採減碳印製流程並使用優質中性紙（Acid & Alkali Free）通過綠色印刷認證，最符環保要求。

作者／王晴天
出版者／魔法講盟 委託創見文化出版發行
總顧問／王寶玲　　　　　　　主編／蔡靜怡
總編輯／歐綾纖　　　　　　　文字編編／牛菁
　　　　　　　　　　　　　　美術設計／蔡瑪麗

郵撥帳號／50017206 采舍國際有限公司（郵撥購買，請另付一成郵資）
台灣出版中心／新北市中和區中山路2段366巷10號10樓
電話／（02）2248-7896　　　　傳真／（02）2248-7758
ISBN／978-986-271-824-7
出版日期／2018年6月初版

全球華文市場總代理／采舍國際有限公司
地址／新北市中和區中山路2段366巷10號3樓
電話／（02）8245-8786　　　　傳真／（02）8245-8718

全系列書系特約展示門市
新絲路網路書店
地址／新北市中和區中山路2段366巷10號10樓
電話／（02）8245-9896

國家圖書館出版品預行編目資料

催眠式銷售 / 王晴天 著. -- 初版. -- 新北市：創見文化出版，
采舍國際有限公司發行, 2018.06　　面；公分--（MAGIC
POWER ; 02）
ISBN 978-986-271-824-7（平裝）

1.銷售　　2.行銷心理學

496.5

創見文化　　　Magic　全球華語講師聯盟

新一代催眠大師就是他！

我與晴天兄相識於高中時期，當時我們同在建中就讀，一個讓莘莘學子充滿理想與求知欲的地方，我們一起在那兒揮灑年少的青春與夢想。晴天兄他是一名數理天才，數學一科幾乎都考滿分，原以為他如此擅長數理，應該是讀醫科或理工科的料，但沒想到他對文字創作更感興趣，因而在高一時選擇了社會組就讀，連一向知之甚稔的我也倍感意外。

當時的年代物資匱乏，儘管是建中，資源也是非常地不足，但他為了一展其對文字的理念抱負，仍帶領團隊排除萬難，在種種條件的限制下，出版了象徵建中精神的《涓流》等刊物，證明了人定確可勝天，也足見其文學造詣不凡，不愧為當年紅樓十大才子之一。

大學畢業、服完兵役後，我們都找到機會出國深造，身處美國的東西兩岸，晴天兄學成後即返台，我則留在美國繼續發展，我們之間的聯繫也因而中斷；所幸多年後，在一偶然的機緣下得知他的近況，便積極安排見上一面。我萬萬沒想到，當年那跌破眾人眼鏡的熱血青年，竟真的憑著當初對文字的熱忱，投入了出版事業，靠著一雙手、一枝筆，將昔日的夢想實現了！

我們都知道，追求熱愛的興趣需要勇氣，而要放棄天賦異稟的才能需要更多勇氣；但尤為可貴者，晴天兄自理想與現實中取得了平衡，將興趣、專長相輔相成。如今的他，不僅在非文學領域的創作上佔有一席之地，更在培訓與教育界發光發熱，成為眾人學習、效仿的名師。

　　晴天兄不遺餘力地投入知識服務文創產業，他將文化創意結合所長的數學邏輯，字裡行間處處可見他那高人一等的理性思維，文中的觀點獨樹一格，卻又不流於標新立異。一本著作能有這般深度、廣度與效度，不可不謂是內容傳播事業中又一場的華麗。

　　時至今日，晴天兄擁有台大經濟學士、美國加大博士的高學歷，更榮登當代亞洲八大名師與世界華人八大明師尊座。即使在諸多響亮頭銜的包圍下，他仍不曾懈於對知識文化的耕耘，如此多元的學識背景，再加上他對世間人事物的關懷，令他筆下的辭藻猶如浴火的鳳凰般直衝天際，在他宏偉抱負的感召之下，我們果然看到：文字的力量已為這個社會帶來全新的氣象。

　　熱愛學習的他，也熱衷於向各界大師學習取經，總不遠千里赴中國、美國，上了不少中外名師的課程與講座，有幾次他在美國的行程還是我接待他的。晴天兄就是一個這樣的人，他對大千世界傾注了全部的熱情，並善於微觀這個大而複雜的天地，更樂於分享自己從生活中覓得的寶藏，他已準備好以那滿腔的情感為基底，將文字燃燒，只求為世人多點上一盞明燈。

　　跟晴天兄這樣的大師學習最新的知識，跟上時代趨勢的腳步，無論您是才剛起步或已上軌道，都絕對會有莫大的成長，助您攀向巔峰！讓我們一同掉入晴天兄那淵博如海的知識漩渦，甘於被他催眠吧！祝福各位！

永遠的建雛

沈冰

不施展魔法，也能掌握你的心

　　你知道我們有93％的決定都是由潛意識來作主的嗎？我們每天都在不知不覺中做了許多事情，例如：口頭禪或小動作。每次與人對話時，你可能會習慣性地加上：「咦！是嗎？」，或你在說話前，會先抿抿嘴這類的小動作，其實這些都被潛意識操控著，只是我們不知道、沒有發覺而已。

　　當我們在和其他人進行互動的時候，大腦會運作所有機能，不光光是解讀對方的語言，包含臉部表情、說話的速度、語調、身體姿勢，連對方說話時的眼神，甚至是談話的場所等，大腦都會進行接收，然後分析這些資訊，讓你能理解對方的話中話，順利達成雙向溝通。因此，我們也可以利用人腦這一特點，去反攻對方的思考，當你在解讀對方時，他也正在解讀你，所以你可以刻意營造出一些談話內容或情境，影響他的大腦，進而對你產生不一樣的看法，做出不一樣的決定。

　　而隨著現代社會對心理學越發的重視，因而在生活中常出現心理治療或是催眠等名詞，但一般提到催眠你會想到什麼呢？是否為一表演者在舞台上念念有詞，被催眠者就慢慢閉上眼，照著指令行事呢？但只要讀完本書，你會徹底顛覆原先的想法，因為催眠其實只是改變對方心理想法的結果；催眠其實只是創造出一個情境，讓對方有所共鳴而身陷其中。在我們的生活周遭，無時無刻上演著催眠表演，像沉迷於電腦遊戲的孩子，就是被遊戲的故事及畫面所影

響，陷入它的情境之中，因而沉迷、無法自拔。

　　而市場也是腦和腦之間的網絡，相信你一定常聽到別人說汽車市場或飲料市場，所以認為「市場」是由商品或服務構成的；但所謂的市場，其實是由擁有特定需求或希望，並透過購買符合這些需求、希望的商品或服務，以獲得滿足感的一群人所創造出來的，其中包括重視顧客的企業或消費者。

　　簡而言之，它是由「正是想要這個（商品、服務）」這類的腦反應構成，因此，所謂的創造市場，就是在探索眾多消費者腦中所共通的無意識需求，並提供滿足這些需求的商品或服務。你想，若不是我們對交通代步工具有想法或意見，又怎麼會有如此眾多的車款因應而生呢？車款之所以會推陳出新，便是為了滿足消費者所產生的需求，對嗎？

　　經營學之父的杜拉克（Peter F. Drucker）曾說：「企業要產生的是感覺滿足的顧客。」如果無法替顧客創造出滿足感，自然無法讓顧客付出對價的金錢，企業也就無法生存，可見，商品或服務不過是滿足我們消費者的一種媒介。

　　致使催眠心理學逐漸被運用到商業活動之中，讓「催眠式銷售」應運而生。很多情況下，銷售員、業務員之所以能做成生意，是因為他們在溝通的過程中，替整個銷售營造出一種情境，巧妙地將消費者引導進氛圍之中，被你所催眠。不知道你是否也有過下面這樣的經驗呢？進入某店面後，你原先只是想隨意看看，之後卻在銷售員的引導下，意外地買了一堆東西；或是到某大賣場時，買了電視

上經常廣告的產品，之所以會有這些消費行為，都是因為我們的心理狀態、潛意識，不知不覺中被影響、催眠。

在銷售的過程中，掌握客戶心理，並贏得客戶的信任是銷售成功的關鍵，而能否靈活運用催眠技巧，才是銷售成敗的關鍵之所在。據研究調查，在銷售過程中，假如業務員能運用符合客戶心理的策略進行推銷，那銷售成功的可能性將提升至 53％左右；但如果採用一般的推銷方式，成功率則僅有 24％。可見，若我們能在銷售的過程中，充分掌握客戶的心理，緊抓消費者的心，靈活運用催眠策略來影響客戶的行為，能大幅度的提高銷售的業績，讓業務員事半功倍，在最短的時間內將更多的產品賣出去。

在銷售界，有這樣一句話：「說服客戶，不如由客戶說服自己。」只要滿足消費者腦中所想的，那你的產品就絕對賣得掉！透過催眠，影響客戶的潛意識，在銷售的過程中，不知不覺對商品產生好感及需求，且留下好印象，讓每次銷售都成交！

目錄 | CONTENTS

Chapter 3

催眠式銷售 Step 1：
建立良好關係，讓客戶從潛意識就認定你

Chapter 4

催眠式銷售 Step 2：
刺激＋落實需求，讓客戶接受你的推銷

什麼是催眠式銷售：

將催眠運用到銷售中讓你業績倍增

1 催眠並不是叫你睡覺

　　在開始前，有件事情一定要跟各位讀者釐清，本書書名叫做「催眠式銷售」，但主要談的並不是催眠。一般我們對催眠都有著錯誤的認知，認為催眠是我喊一聲，你就倒下去睡著了，但世界上真有這種事情嗎？當然沒有，那通常都是金光黨的詐騙手法，對你用什麼迷魂香……之類的，讓你產生幻覺，聞了之後就立刻倒下睡著，怎麼叫也叫不起來。那你睡著之後呢？自然就是洗劫你的財物、奪財奪色。

　　「催眠」的定義有很多，但我們要明確一點，那就是催眠並非真的讓對方睡著，催眠其實是一種變動的心理狀態，是個人心境改變的結果。所以，我教的不是金光黨那樣的詐騙手法，靠一些手段、伎倆將你催眠，讓你腦筋變得迷糊，然後從你口袋裡拿錢，拿完錢之後把產品放在你手上，再對外宣稱你被我催眠，心甘情願把錢拿給我。這根本不是催眠式銷售，賣東西哪有這種賣法？我把人家迷昏，然後把錢拿走？只有詐騙集團會這麼做。

　　當然，世界上還是有所謂的催眠大師，我也真的去上過三次課，就是那位姓馬的世界第一催眠大師。大家知不知道，馬修史維（Marshall Sylver）在成為催眠大師之前，他的工作是什麼？告訴各位，他之前其實是位魔術師。他因為表演過很多場魔術，技術又不錯，因而有了些知名度，所以被美國的培訓機構相中，積極塑造、培養成一代催眠大師。

　　他最後一次來台灣舉辦演講的時候，我有去，而且還全程觀賞。他在演講結束前，叫了五個人上台，要現場表演一段催眠秀，他們

上台之後，馬修史維對他們說：「倒！」沒想到他們就真的倒下來了！全場掌聲雷動，無不欽佩他。而那五個人當中正好有兩個是我的會員（王道增智會），我事後就問他們：「你們為什麼會倒呢？難道真的被他催眠了嗎？」你知道他們回我什麼嗎？他們說不好意思不倒。所以，世上真的沒有那種我說一個口令，就使你倒地的魔法。

那他是如何從全場近千人中，挑選出那五名觀眾的呢？其實他在找人上台前，就先做了 Try and Test 的測試，他那時在台上喊：「現在把你的手舉高、舉高再舉高，先站到椅子上，再站到桌子上，然後手再舉高一點！」你想他在幹什麼？他在從這一連續動作中，找出那些最聽話的人，看有哪些人確實做出指令，再選他們到台上，然後下指令「倒」，他們就真的倒了，有點像是下意識地遵從。

日常生活中，我們也常會在電視劇或電影中看到這樣的情節：在一間診療室內，心理治療師透過溝通，讓患者在對話的過程中放鬆情緒，進而解開心結，使心理疾病有所紓解，甚至是痊癒，因而感嘆：「催眠實在是太神奇了。」我想讀者們肯定很好奇，到底什麼是催眠呢？

銷售一般有四個境界，這是學催眠式銷售前必須要先瞭解的，學成後你就能擁有無所不銷的能力。第一個境界就是「因為你沒有，所以你應該買。」那第二個境界呢？「因為別人沒有，所以你應該買。」若想賣包包給顧客，話術就該這樣，跟客人說這是剛到貨的限量包款，關鍵詞是「剛到貨」及「限量包」，也就是別人沒有，所以你更應該買一個不容易撞包的，以突顯你的與眾不同。再來第三個境界「別人有，所以你應該買。」為什麼呢？因為這個包賣得超好，很多人都買了，你若沒有就跟不上潮流，無法走在流行時尚

的尖端。最後則是「你有，所以你更該買。」還有別的款式、花色，若只買一色比較難搭配……等等，以此來說服消費者。

像很多培訓機構也大多採取這種招數，你上一次課、繳一次費，只要他們的課程推陳出新，你就得不斷付錢給他們，但我就不一樣了，我做培訓採取會員制或弟子制，一次付費、終身服務，看到這你還不心動嗎？有興趣的可以上網找找「王道增智會」。

銷售境界

而人的意識分為表意識與潛意識，很多事情表意識與潛意識的傾向是不同的，形成一邊意識同意，但另一邊意識不同意的情形，也就是我們所謂心中的黑天使與白天使。

人的大腦可比喻為一台極為複雜的電腦，我十年前在聯合國教科文組織（UNESCO）與上海世博論壇上演講未來學時，便是以此概念探討所謂的「永生」，人的思想與行為模式就好比電腦的一種

程式或程序，Program 是也！

　　我當時在市面上出版了一本探討「未來」的書籍，書裡談到人的永生和永遠。因為現在的電腦跟人腦越來越像，人類的永生我想應該會在二十年後來臨，配合著 AI（Artificial Intelligence，人工智慧），只要我們造出一部電腦，然後將你腦中所有的資訊都存取進去，那這樣你就永生了。所以，恭喜各位讀者，大家在二十年後都可以永生，我也要想辦法再撐個二十年。那你可能會想身體呢？身體器官總不可能永不退化吧？

　　各位想想看，二十年後的科技會是什麼樣子？如果我的肝不好，我可不可以換個肝？你知道什麼是葉克膜嗎？就是體外心臟，而且現在就已經有了。那如果科技再進步二十年，你想醫學會多發達？想必是什麼器官都可以製造！若你的腎不好，不用再苦苦排隊等別人的腎，只要花點錢做個人工腎臟，那你的身體機能就能維持，生命得以延續下去。

　　所以，永生的關鍵便在於腦中的資訊，看是讓腦袋的資訊儲存在電腦裡，還是讓一台電腦的思考模式跟你的思維完全一樣，你就是它，它就是你。因此，在比較之下，人體器官就顯得不那麼重要了，因為你腦中所想的東西，將永遠存於這個世界，永遠存在電腦裡，這樣你不就永生了嗎？

　　而人腦跟電腦的差別就在於，人的潛意識是非常強大的，若兩者相比較，我們可將它視為一座冰山來看，表意識只是我們看到的冰山在海面上的一角，冰山下那龐大的山體則是潛意識，隱藏在海

平面之下。不曉得各位有沒有聽過 73855 法則？73855 法則正好可以用來解釋潛意識跟表意識，為什麼你聽別人講話只能聽出 7％的意思？因為他內心真正的想法是隱藏起來的，跟冰山一樣，隱藏住最大的一部分，所以你不知道他的想法到底為何。因此，73855 法則代表的三個數字為 7/38/55，加總起來構成 100，而底下那龐大的93％就是所謂的潛意識。

說個題外話，像阿拉伯地區不是缺少淡水嗎？其實只要從北極還是南極，用拖船拉一座冰山過去，就能克服缺水的問題啦！你是不是想說距離太遠，有可能嗎？當然可能啊！各位有沒有聽過西北航道跟東北航道，只要透過那個航道，我們運送冰山的距離便大大縮短。你可能又想冰山拖到那只剩一點點，各位，你雖然只看到一點點，但那是海面上一點點，海面下還有很大一塊呀，千萬別被表象所蒙騙，冰山在海面下的體積，絕對大得令你難以想像。

　　因此，所謂的催眠式銷售，就是要 Touch（觸動）到對方的潛意識，也就是海平面下的那一塊，讓他發自內心地認同你，那你的銷售就會徹底成功。

 ## 銷售要達到的催眠狀態

　　想要提振業績靠的主要是「交談式催眠」。交談式催眠就是透過言語的交談溝通，使對方進入一種容易受你影響的狀態，更易於接受你的建議與說法。

　　透過交談，對方會覺得你說得有道理，最後順利成交，而在交談前，你務必確認一件事，那就是對方要有能力。其實很多人做業務都搞錯一件事情，他們會以為推銷業務、賣產品，要找的是有興趣的人，如果你也這樣想那就大錯特錯了！你要找的應該是有能力購買的人。這個社會很現實，若沒有錢，你再有興趣也沒用；所以我們銷售時，就要找那些有能力的人，若有興趣當然更好！然後再透過催眠引導，這樣就一蹴可幾了，加速成交的進展。

　　那你可能會問，有興趣的人有沒有可能變成有能力的人呢？當然有機會，但絕不會是你推銷的當下，他當時口袋裡有多少錢就是多少錢，總不可能下一秒突然變百萬富翁對吧？

　　催眠的應用其實十分廣泛，不管是有意為之還是無心為之，它無時無刻都在我們周遭發生，影響著我們，像沉迷於電玩的孩子，他為什麼會沉溺於虛擬世界之中，而無法自拔呢？無不受到催眠的影響。現今更廣泛運用於心理治療、教育諮詢、產品銷售等各個方面，因此，我們不需要擁有特殊的催眠師執照或在特定的場所才能

進行催眠，每個人都可以是催眠師，只是我們沒有意識到而已。

回到本書主題「催眠式銷售」，業務員在銷售的時候，如果客戶時間繁忙，怎麼會有時間靜靜地坐下來、閉上眼睛接受你的引導呢？所以，這一切都要在互動的過程中完成，學習如何在與客戶溝通的過程中，引導對方受到你的言詞影響，進而產生相應的心理或行為的變化，讓我們來看看下方的案例。

業務員小陳奉主管指示，前往另一公司洽談合作，他來到王總的辦公室，王總當時正忙著另一件事，就指了指左手邊的沙發，示意他稍等一下。他靜靜地坐下來，稍微觀察了王總的辦公室：辦公桌後方有一個很大的書櫃，書櫃上擺滿了書籍，而右前方的牆面上掛了幅王總身穿博士服的照片。其實他早就聽說了，這位王總和一般大老闆很不一樣，他當初勤勉自學，才考上大學，憑著自己的努力，一步步走到今天，因此，小陳心中對他有著無比的敬意。

見王總忙完後，小陳主動開口說道：「王總，您是博士畢業的？您的事蹟我聽過一些，讓人敬佩，您不僅是博士，又掌管著這麼大一間公司，像您這種飽讀詩書、知識淵博的老闆可不多啊！」王總一聽，立刻哈哈大笑：「哪裡，哪裡，過獎了。」開始講起自己從前奮鬥的故事。

聊了一會兒，小陳開始將話題導入正題，他今天要將公司積壓的那批庫存賣給王總，以解決公司的財務危機。但當他向王總介紹產品並報完價後，王總的臉色馬上就變了，小陳敏銳地察覺到王總表情的變化，馬上轉移王總的注意說：「王總，裱褙上的字是您寫的吧，真有氣勢，您對書法肯定也很有研究吧？」

　　王總一聽，說道：「過獎了……我以前……」最後，這筆生意順利談成了，且從那之後，王總都會主動與小陳聯繫，邀請他一起打球、喝茶，彼此成為忘年之交。

　　這名業務員相當聰明機智，不曉得你有沒有看出來，整個過程中，他其實一直在催眠對方。剛開始，他透過滿足對方心理需求、肯定對方能力，並讓對方紓發年少辛酸的方式，來拉近彼此間的距離，因而削減了對方的防備意識，進一步引導他進入銷售氛圍。試想，如果一開始業務員便開門見山的談合作，你認為結果會如何呢？想必有極大的可能是以失敗收場，對嗎？那在具體銷售溝通中，我們該如何催眠客戶，改變他的想法呢？

1. 弱化客戶的抗拒意識

　　在引導過程中，客戶經常會受到自我意識的干擾，在腦海中產生兩種聲音對抗。此時，如果你想讓客戶接受你，認真聽你介紹的話，就必須想辦法弱化客戶的抗拒意識，只有這樣，你才能繼續討論下去，實現催眠式銷售的第一步。

　　正如上述案例中這名業務員一樣，先把生意擺一邊，透過閒聊的方式讓客戶鬆懈，在獲得客戶認可的情況下，才慢慢引導到自己的產品上面，順利取得訂單。

2. 讓客戶自己做出改變

作為一名業務員，如果你希望銷售工作變得有效和輕鬆，就要記住一點，客戶也是有自主意識、相當聰明的，他有足夠的能力可以自己做出改變，你只要從旁做出引導就好；如果你妄想掌控客戶的意識，那不論你的出發點有多好，都很難做成這筆生意。

催眠其實只是製造情境，所以我們在銷售的過程中，如果想要做成生意，就要在言語間營造出情境，讓氣氛產生渲染，說一個故事也好，然後再巧妙地引導，讓客戶進入打算購買的狀態中，只要他們的內心稍加動搖，那催眠就起到作用了。

生活中，我們經常提到催眠一詞，而一提到催眠，我們大概都會直接聯想到電視上播出的表演畫面。比如，一位催眠師拿著懷錶，在一名被催眠者眼前晃來晃去，嘴裡念念有詞，不久，這位被催眠者就睡著了。在日常生活中，我們其實都自覺或不自覺地催眠著別人，甚至是被他人催眠，所以，我們也可以將這方法引導到銷售活動中，只要我們在銷售的過程中，試圖去弱化客戶的反抗意識，讓客戶接納業務員和產品，那銷售就會變得輕鬆許多。好，在討論這節前，先來看看業務員小工的銷售案例。

小王：「您好，很高興為您服務。」

客戶：「您好，我是 XX 公司，我們是一家新成立的公司，想諮詢一下企業官網的製作費用。」

小王：「好的。我們公司做的網站，絕對包貴司滿意，而且我們還可以為貴司的產品做推廣，我們有跟 7,600 家企業網站聯盟，還有情報追蹤、首頁推播、行銷等功能。」小王邊說邊在電腦螢幕上展示給對方看。

客戶：「喔？服務這麼多元，那費用要多少？」

小王：「一年費用 9,800 元。」

客戶：「太貴了。」

這位客戶說「太貴了」的時候，眼神迅速從小王身上移開了，甚至連看都不敢看對方的眼睛，但小王並沒有發現對方的異樣，反而說道。

　　小王：「這樣還貴呀，那您希望多少錢？預算大概多少呀？」

　　客戶：「我想我們可能暫時還不需要。」

　　小王：「那貴司大概什麼時候需要呀？」

　　還沒等業務員說完，這位客戶已起身離開了。

　　很多經驗不足的業務員，想必都遇過這種情況，案例中的業務員小王，他的方法很明顯是無效且失敗的。為什麼他的銷售話術會無效呢？對此，我們要先瞭解人的意識是如何作用到行為之上的。

　　人的意識在清醒時分為三種：表意識、潛意識和超意識，關於超意識，這裡我就先略過不談。而潛意識和表意識我們都耳熟能詳，在日常生活和學習中，早已熟識這兩個概念，前面也有提到，但這二者究竟如何產生影響，你可能並不瞭解或沒那麼清楚。

　　顧客的「抗拒」來自哪個意識層？顧客的購買行動又是來自哪個行為？為什麼你的介紹如此專業，客戶卻還是無動於衷呢？為什麼你都已經如此誠懇地推銷了，所賺的錢還是只能糊口而已呢？

　　我們都知道，在人的心理結構中，有一部分是能被察覺的，另一部分是察覺不到的，而前者能察覺到的，就是表意識；後者則是潛意識。

　　在日常的行為中，我們會知道為什麼要做某件事，能清楚意識到自己內心的活動，這就是表意識的內容；反之，我們有時候做事的時候，並不清楚自己的意識活動，在這種情況下，在背後起作用的就是潛意識。好比說價值觀，我們每個人在做某件事或進行某個抉擇的時候，都會受到價值觀所影響，但我們並未意識到它的存在，因為價值觀在很多情況下，是以潛意識的方式存在；而除了價值觀

以外，還有人生觀和世界觀，在許多情況下，它們也都會在不知不覺中對我們產生影響，進而讓我們形成不同的決斷。

當然，專業人士有分出其他更細微的部分，但我們不需要分析那麼複雜的理論現象，也就是剛剛略過的超意識，一般只要瞭解表意識和潛意識就好。那在我們的意識中，「講道理」屬於表意識，按照理性思維方式在思考問題；而潛意識則是非理性的部分，所以，我們在面對一些「理性事件」的時候，起作用的是表意識，且這些「理性事件」一般不會影響到我們的潛意識。

雖然這麼說，但我們仍要清楚知道，其實潛意識在大多時候還是主導著一切思維，只是我們不自知罷了。因此在推銷時，我們要從客戶的潛意識著手，在上述案例中，業務員之所以被拒絕，便是因為他不知道客戶拒絕的深層原因。這種情況下，顧客稱「不需要」完全是他拒絕的藉口，因為他的動作已出賣了他，不敢正視業務員，甚至刻意躲避對方的目光，這都顯現出他的回答是「言不由衷」或另有打算。而真正讓顧客拒絕的原因其實是價格問題！一年 9,800元對顧客來說太貴了，如果小王能發覺出這個問題，重新與顧客周旋的話，情況絕對會有所不同。

但我們在現實銷售中，大部分的銷售員一般都被訓練成：針對潛在顧客的「表意識」銷售，不懂得深入瞭解客戶的想法，導致銷售變成一件非常吃力不討好的事。因此，懂得分辨表意識、潛意識的語言，對業務員來說刻不容緩，也是成功掃除銷售阻礙的快捷通道，可是大部分的公司、銷售團隊、領導者與業務員都缺乏這一塊的訓練，因而錯失了好幾筆大單，實在很可惜。

且在銷售時，「怎麼講」比「講什麼」還來得重要，有時候同

樣的話題，但說法不同，就會讓人產生完全不同的效果。之前，我舉辦一個銷售課程，那課程結束後，通常都會有一些學生留下來互相交流，而我自然會待在現場陪他們討論，回答一些上課提到的問題。那時，有位生面孔走過來，跟我說：「王博士，我半年前也聽過另一位老師的課，那堂課也是教銷售，但今天上完你的課，我覺得他的課跟你有如天壤之別呀！」

「喔，是嗎？」聽他這麼一說，我整個人興致勃勃，想知道自己跟其他講師的差別到底在哪。

他回我：「我上次聽別的講師上課，他每個段落講完，我就覺得自己好像懂了，不需要再聽下去，感覺上課的助益並不大。但上完你的課，明明一樣是在講銷售，可你講的內容，我都覺得觀點好新鮮，有好多地方我都想請您再講解的詳細些，即使這個概念我之前已經聽過了。所以，您下次開課的時候，我絕對還要再來聽！」

我聽了之後，馬上明白他說的意思，因為我每次講課時，都會多說一些觀念，將原先人人皆懂得銷售概念做一個引導，將問題延伸出去，或許就是因為這個觀念的延伸，我才能在學員腦中播下重要的思維種子；而這個種子代表著兩件事，一個是「興趣」，另一個則是「信服」。

所以，你若想成功催眠別人，達成你的銷售目的，你就要在催眠的過程中，讓人的思維有所擴展和延伸，替後續的成交埋下伏筆。

因此，「怎麼講」真的比「講什麼」更重要，當你要介紹一項產品時，你要曉得，對方可能已經聽其他業務員講過數十次，甚至是數百次了！你絕對不是第一個向他推銷的業務員，所以你要表現出和他們的不同，將你和其他業務員的「關鍵性」差異展現出來，

這樣才能成功將客戶帶入你的催眠式銷售之中。

而那位學員，之後也成為了我的弟子。

透過提問，找出客戶心中的渴望

如同上面所說，在推銷的過程中，絕對會遇到形形色色的客戶，有的會主動說出自己的需求或疑惑，但有的卻遲遲不願透漏自己的想法，可我們又不知道該如何發現客戶心中的想法、探究對方的潛意識，因而僵在那或選擇放棄。其實要解決這個問題很簡單，就是透過「問」！

為什麼會這麼說？因為客戶通常也不曉得自己要的到底是什麼，所以當他們不清楚自己真正的需求時，你就要善用問問題的方式，來鑿開他海平面下的冰山，唯有讓對方有機會多說話，多表達出自己的意見和需求，業務員才能準確掌握客戶到底想什麼。

因此，在進行銷售前，請先暫時放下銷售產品這件事，先以對待朋友的方式，關心和瞭解客戶的現況，例如：「貴公司成立多久了？」、「未來的營運計畫是什麼？」……等等諸如此類的問題，讓對方多說話，用心聆聽，聽出客戶自己可能都沒察覺到的問題。

挖掘出客戶深層的需求是順利成交的關鍵，很多業務員常常會被客戶的表面說詞所困，因而無法瞭解對方的真實想法，但其實這是挖掘的深度不夠所致。多問為什麼，當客戶提出一個要求或想法時，我們要思索一下，然後再問出五個為什麼，比如對方抱怨道：「我們公司對你們的產品不甚滿意。」經詢問後，客戶可能會回說：「因為操作起來不方便。」如果聽到對方這樣說，你就認為自己找到事

出的關鍵，那就大錯特錯了！你反而應該更深入的問，找出問題真正的核心，這樣才能對產品做出相對應的建議或服務，讓客戶更為滿意。

但有些業務員即使瞭解提問的重要性，仍難以提高自己的業績，因為他們不懂得如何詢問客戶，只曉得生硬地發問，既沒問出重點又讓對方留下壞印象，使提問失去意義，無法達到真正的目的。所以，問對問題也是成功催眠客戶很重要的一環，若你不曉得問題出在哪裡，又要如何成功營造出氛圍，使對方掉進你的催眠漩渦之中呢？

1. 提問必須圍繞主題

提出問題時，必須緊緊圍繞特定的目標，要以實現銷售、促成成交為首要目的，千萬不要脫離最根本的主題，胡亂進行發問。

因此，你應該要根據實際情況將目標逐步分解，想出具體的提問方式，這樣既可以節省時間，又能循序漸進的提問、營造意境，實現你最終的目的。

2. 提問要因人而異

對不同性格的客戶要採用不同的提問方式。如：對脾氣倔強的客戶，要採用迂迴曲折的方式提問；對性格直爽的客戶，可以開門見山地提問；對文化層次低的客戶，要採用簡而易懂的詢問方式；對待看上去有煩惱的客戶，要親切、耐心地提問。

3. 多提開放性的問題

在準備催眠前，你可以多向客戶提一些開放性的問題，讓客戶根據自己的興趣，圍繞著主體說出自己的真實想法，這樣不僅可以讓你根據談話內容，更有效的瞭解客戶資訊，還能使客戶暢所欲言，感到放鬆和愉快。你可以多多使用「如何……」、「怎樣……」、「為什麼……」、「那些……」、「您覺得……」等語句，進行開放式的提問，讓客戶的回答有更大的發揮空間。

4. 注意提問時的禮儀

向客戶提問時，要注意禮貌，多使用一些敬語，例如「請教」、「請問」、「請指點」等。若對方的回答偏離主題，那就委婉地將話題引回來，自然巧妙地將話題控制在自己掌握的範圍內，並留意態度，千萬不要板著臉，保持微笑，營造一個回答問題的良好氣氛，這樣更容易帶領對方進入催眠的意境之中。

5. 提問要注意分寸

不管是與客戶溝通還是催眠，都是雙方的交流活動，所以你要顧及客戶的情緒，提出的問題或營造的氛圍，必須是客戶樂於回答且自在的，不要冒昧地詢問私人問題。提問後，你還要仔細觀察客戶的表情，若對方面有難色或答非所問，就代表他排斥或抗拒此問題，這時你就不應該窮追猛打，要懂得適可而止，以免引起對方的反感或厭惡。

　　試想，若在提問時，客戶就已經對你心生厭煩，他們又怎麼可能走進你預設的催眠意境中呢？適當地提問，絕對能幫助你從客戶那裡獲取更多重要的資訊，順利推動你的催眠成效，讓銷售朝成交發展。所以在與客戶溝通時，業務員要懂得充分運用提問技巧，在問與答之間醞釀買氣，讓對方在提問時，就一步一步掉入你的催眠漩渦。

3 利用催眠，重啟客戶的大腦

在前文中，我們已經討論過人的思想與行為模式就是一種程式或程序，也就是 Program 的概念，但你知道嗎？這些 Program 其實大多都是你自己安裝的，有些才是經由師長父母們所啟動、安裝，為什麼這樣說？例如，有些父母會鼓勵自己的孩子從小就去接觸音樂，慢慢地產生興趣、喜歡，因而成為音樂家（當然也有可能會討厭）；又例如，有些人從小就被師長或父母嫌笨，長大後竟真的笨笨的、腦袋不靈光。

所以呢，家長跟學校老師，最好要讓小孩多方接觸不一樣的事物，這樣他才會知道自己喜歡什麼、討厭什麼？只有他喜歡的東西，才會充滿熱情，而充滿熱情後才會有成就；如果他很討厭，你反而強迫他，那他勢必不可能有任何成績或成就。像我們念書時不都有分科嗎？國文、英文、數學⋯⋯等各種科目，從小就分很多科，那你知道一般人會喜歡哪一科、討厭哪一科嗎？答案是成績好的那一科。

為什麼很多人討厭數學？因為第一次考試時只考了二十分，然後被父母罵笨，所以從此就非常討厭數學；這當中其實存著一種因果關係，你到底是因為喜歡數學，所以才考高分？還是因為考高分，所以才喜歡數學呢？各位，這樣聽下來是不是很弔詭呢，潛意識絕對沒有我們想得那麼簡單。

因此，所謂的催眠就是解除大腦中的資安系統，再重新編號——Re-program 是也！所以，我們可以將催眠轉化應用在銷售上，不管你要賣什麼東西，你都可以應用以下三大步驟：

✓ 誘導

✓ 暗示

✓ 喚醒

　　這三點都是互相間接作用的，只為打動海平面下的那一大塊冰山。如果在推銷時，你一直在客戶旁邊大聲說道：「這個好啊，買呀！」這就不叫做誘導，反而是明導、明示，那這樣對方可能就沒興趣了，催眠式銷售的重點就是你要用誘導、暗示的，去喚醒對方內心深處真正的渴望及需求。

　　基於這個概念，任何一名業務員都是優秀的催眠師，你有時可能也很詫異，覺得自己是如何做到的，為什麼客戶這麼簡單就成交？其實關鍵只在於你如何去設定這個催眠的意境，讓客戶重啟他們的資安系統，使他們能徹底融入其中？

　　如果你希望能掌握更高的催眠式銷售、更輕易地建構出銷售氛圍，你就要更有系統性的學習，如此一來，你才能真正審視過去的銷售方法，從中吸取一些經驗，進而提供更好的服務於銷售上。先來看看下面這個故事。

　　業務員張小姐與一名大客戶已進行多次電話會議，但對方遲遲不下單，張小姐只好再撥電話給對方，說道：「鄭經理，設備汰換的事情，您考慮的怎麼樣了？」

　　「我暫時還沒打算購買……不好意思。」對方冷冷地說道。

　　「我能理解您的想法，雖然我不斷保證我們公司的產品是業界

一流，但我想你肯定也有向其他公司比較過，存在這種擔心和顧慮實屬人之常情。身為公司採購絕對要認真、負責，不能出半點紕漏，不然會影響到公司的運營，壓力真的很大呀。」張小姐語重心長地說。

「是啊，難得你能理解我的想法……」

「您之前也派技術人員來我們這裡試用過，您對我們的產品應該是清楚的，不知道您還擔心哪方面的問題呢？」

客戶回道：「我們是真的急需一批這樣的產品，你們公司的生產能力及產品品質我也無話可說，絕不是我要雞蛋裡挑骨頭，但我實在很擔心合約簽訂後，你們能否在十五天內，確實將產品送到指定地點。」

聽到對方的擔憂，張小姐馬上說：「原來您擔心這個啊，您稍等，我馬上 Mail 一份文件給您。」

一分鐘後，張小姐說：「有收到信了嗎？信中夾帶的這個文件，是我們公司針對急件客戶所制訂的『快速訂貨配送』，只要將這張表單跟訂單一同呈上去，就能按照您要求的時間送到指定地點，您到時憑單簽收就可以了。」

聽到張小姐這樣說，客戶大大鬆了一口氣，認真思考了一會兒，他對張小姐說：「明天我便會將合約及表單簽回。」

案例中，張小姐深知客戶對產品仍存在某種顧慮，因而不肯簽訂合約，於是設身處地的站在客戶角度，拉近彼此間的距離，得到對方的信任後，再以提問的方式，一步一步引導客戶進入催眠漩渦之中，讓客戶說出內心真正的想法，然後提出解決辦法，從而打消

客戶的擔憂，一舉攻破、順利取得訂單。

從這一銷售案例中，我們其實可以從中整理出催眠式銷售的基本程序：

1. 發展和諧互信的關係

先和客戶建立起這樣的關係：和諧、信任、接納、相互尊重，而且是確實被客戶接納的關係。

在銷售過程中，取得信任是很重要且必須的，這將直接影響到後面的引導工作能否順利進行，若你省略了這層關係的建立，直接進入銷售引導，那即便你的催眠技巧嫻熟，最終的結果肯定也會令你失望。

2. 吸引客戶的注意力

吸引客戶注意力的方法有很多，無法一一詳細介紹，但不管你用何種方式吸引對方，你都要記住最重要的一點，就是要能持續吸引他的注意力。

3. 逐步弱化客戶的反抗意識

我們在進行銷售前，客戶基本上都會心存戒備且具有抗拒意識，但逐步引導客戶心理後，客戶會慢慢軟化，進而接受你的建議，接納你的推薦。

4. 完成交易

當客戶的主觀意識被弱化後，我們就要強化催眠，加深對方的印象，以順利推動銷售，使其成交。

心理暗示遠比正面交鋒更有效

催眠式銷售的核心為暗示，而暗示包括了情境暗示、角色暗示、語言暗示、行為暗示、情節暗示、圖騰符號暗示……但不管是哪種暗示，其目的就是為了形成共鳴，最終達到成交的目的。

而暗示最重要的就是要以身作則，像我開設培訓課程，教別人賺錢，那我自己就要很會賺錢；若要教別人游泳，你就要很會游泳，這樣才有說服力，對方才會被你的暗示所影響，願意接受你的說法，對嗎？

「用暗示的方式說出嚴肅的道理，比直接了當地提出更容易讓人接受。」心理暗示是指人們受到外界或他人的觀念、情緒、判斷和態度等影響所造成的心理轉變結果，是人們日常生活中常見卻很少自覺的心理現象。

也就是說，它是一種人或環境以自然的方式向個體發出資訊，使我們在無意中接收了這種訊息，進而做出與之相符的心理反應的表現。

所以做業務、銷售員，最忌諱的就是明示，假設你是賣熱水瓶的銷售員，你不斷地跟客人稱讚自己的產品有多輕量，保溫效果有多好，不停地告訴對方一定要買，不買絕對會後悔……那最後肯定

是以慘敗收場，對方絕對不會買單的！

　　人與人的交流，無非是兩方之間資訊不斷傳遞的過程。很多時候，我們有些話是不方便直說的，這時候你就要學會用「暗示」來達到目的，例如以一個表情、一個說法，或是一個動作去產生之後延伸的蝴蝶效應。

　　當對方接收到你的暗示時，自然會出現你想要他做出的反應，這時候多說反而會顯得多餘。正因為這樣，我們在日常生活的交際當中，要學會運用心理暗示來因應各種問題，但也因為暗示較為委婉含蓄、不露痕跡，所以實行起來往往會比正面交鋒來得更有效。

　　在這裡，我想告訴各位讀者一個我的真實案例，這個案例已持續在我家發生二十幾年了，至今仍天天上演。其實我家中的環境還算不錯，有雇用兩位外籍傭人，有一位負責煮飯，每天都會煮滿滿一桌的飯菜，而我在跟家人吃飯的時候，我媽媽就會不停的告訴我哪道菜好吃……只要她一講，我就會挑她沒提到的那道菜吃；可是因為她是我的母親，所以我不可以直接反駁她，但其實我真的很想對她說：「我覺得東西好不好吃，是由我決定而不是妳決定。妳覺得哪個好吃，那妳吃就好，不能自己覺得好就要我多吃。」所以，我每次都吃她沒講的，只要她每次說哪道菜好，那我心裡就知道那道菜一定要少吃點，因為我們的口味真的差異很大，可是她卻從來都沒有發現。

　　那我為什麼要跟你們講這個？我就只是想跟各位證明，明示真的是失敗居多，而暗示通常都會成功。

催眠式銷售的基本技巧

我們已經分析過，身為業務員若懂得將催眠的原理應用到銷售之中，說服客戶購買的機率將高出許多，那催眠式銷售具體的技巧有哪些呢？

1. 創造感覺法

這方法是業務員運用語言來為客戶描述關於產品的圖像、氣味、聲音、感覺等等，讓客戶的注意力能被我們吸引。

在日常生活中，我們都有過這樣的體驗，想著晚餐要吃什麼、在腦海中排練著等等如何與客戶溝通、跟朋友敘述某件事，那時的我們，似乎就是進入一種催眠狀態；而我們在催眠式銷售中所探討的，正是要讓顧客進入這樣一種狀態，因為從心理學的角度看，一旦人們的腦海中產生某種畫面，他們就會在潛意識裡默默接受。

喬‧吉拉德（Joe Girard）在推銷時，也擅於運用催眠來達成銷售目的，但與我提到的影像、畫面不同，他特別喜歡推銷產品的味道及真實感受。他在和顧客接觸時總會想方設法地讓客戶先「聞一聞」新車的味道，請賞車的客人坐進駕駛座，握住方向盤，自己觸摸操作一番，透過「體驗新車」來催眠他的顧客：「這車這麼棒，這麼合我心意，能不買嗎？」

喬‧吉拉德認為，人們都喜歡自己嘗試、接觸、操作，人人都充滿好奇心，所以，不論你推銷的是什麼，都要想辦法展示你的商品，並讓客戶親身參與，如果你能吸引住他們的五體感官，那你就

能緊緊抓住他們的荷包。

如果對方住在展示中心附近，喬‧吉拉德還會建議他把車開回家，讓他在太太、孩子和鄰居面前炫耀一番，那這名顧客就會自行陷入新車的味道之中，難以忘懷。據喬‧吉拉德本人所說，凡是坐進駕駛座並開上一段距離的客人，沒有不買車的，即使當下不買，不久後也會來買；因為駕駛新車的「感受」已深深地烙印在腦海中，使他們難以忘懷，無時無刻引誘著他們：買下來、買下來。

你也許很納悶，為什麼喬‧吉拉德這麼有把握？因為客戶已投下太多自身的情感，他早已在心裡勾勒出擁有這部車的美好場景，還選了車款、顏色及內裝，更把交易條件都談妥！如果他「不」簽字，勢必要有很大的勇氣及決心，一切得從頭來過，不僅孩子會大哭大鬧、妻子也會不開心、在親友面前很沒面子，更是打破了自己的美夢。

因此，從現在就做好準備，千萬不要等到顧客上門後，才開始思考你的遣詞用字，平時就要一百遍、一千遍地研究與練習，想想要設計什麼樣的話術與情境，讓顧客去想像擁有這項產品後有多美好，促使自己想進一步擁有它。

2. 強化印象法

銷售中，運用這一方法大多是為了凸顯出產品的優勢，且這方法通常會疊加到創造感覺法中一起運用。

所謂強化印象法，就是我們介紹完畢後，希望他們記住產品的什麼特性或特色。比如，你是一名房屋仲介，瞭解客戶的經濟能力

及需求之後，不妨試著對客戶進行暗示：「林太太，您想想看，如果買下這間房子，那孩子每天上下學只要走路十分鐘；晚上用餐時，還能聽到對面音樂廳裡傳出來的悠揚琴聲，光想就覺得挺美好的啊，您說是嗎？」再比如你是戶外用品店的銷售員，那你可以說：「您可以在週末帶著孩子們到郊外踏青，不僅能舒展勞累的身心靈，又能增進家人們的感情，現在會陪伴孩子出遊的父母又有多少呢？」

聰明的你一定發現到了什麼，就是上述這些例子將強化印象法與創造感覺法，自然地結合在一起，創造出一種強化的美妙感覺。

你也可以用一些短句來達到強化印象的目的：「你不可能忘記」、「這不可能忘掉」、「這麼美妙的東西，相信你肯定會記住」、「也許你會常常想起」、「這將留下深刻的回憶」……等等之類的，你還可以用別人會因你而……來強化，例如：「你的孩子會因此而感激你」、「你的妻子會永遠記得你送給她這麼一份美好的禮物」……諸如此類，稍微變換一下，應用在你的銷售之中。

你還可以講個動人的故事，深化催眠的效果，好比說幾年前有位客人買了你的產品……這就叫做「增值推銷法」，用這種方法描繪出一種效果長久、感人的畫面。

LV（Louis Vuitton，路易威登）皮件為何如此貴？因為它催眠了全世界！在真實的鐵達尼號沉船事件裡，抵達現場的搜救隊伍，撈起在海上載浮載沉的 LV 硬殼行李箱，打開來之後，發現行李箱內竟然滴水未進！這樣具有傳奇性的故事，也變成它們獨特的品牌故事；而現今，LV 賣的卻是尊貴的感覺，買家買的則是炫耀性消費，催眠式銷售為它們帶來的無形價值逾三百億美金。

所以，不管是 LV 還是海洋拉娜……這類高單價的產品，他們

都只做對了一件事，就是說一個動聽的故事，大家也都能做到，故事講著講著，產品就賣出去了，成功達到催眠的效果。

3. 回憶往事法

　　當人們在回憶過往一些事情的時候，很容易進入一種出神的狀態，他們的行為會因為情感波動而受到影響，成功的業務員都擅長喚起人們的回憶往事，並懂得將自己的想法融和到回憶之中。讓我們來看下面這個例子。

　　業務員：「你還記得第一次吃冰淇淋的情景嗎？」

　　顧客：「當然啦！我那時候才七歲，爸爸帶我去遊樂園玩，替我買了個很大的冰淇淋，我捨不得大口吃掉，一小口一小口慢慢品嚐，開心極了。」

　　這種方式是將積極的形象與你的產品聯結在一起的一個好方法。有時，我們也可以運用負面形象來推動他人購買，也就是強化如果沒有這項產品，會帶來怎樣的不方便與痛苦。比如你要賣的產品是指紋鎖，你可以反向思考，提醒客人過去人們純樸、治安良好的情景：「還記得以前你可以整天不鎖門嗎？鑰匙就放在門前地墊下或信箱裡面，大熱天開著門睡覺也不會害怕。」

　　當他憶起過往那份安全感時，讓他知道該如何重溫那種感覺——把你的產品與這份安全感聯結起來。

　　人們總是追求快樂、逃避痛苦，所以我們在運用催眠法說服客

戶的時候，最好要將客戶的快樂、方便與我們的產品聯繫在一起；把沒有購買你的商品，可能會遇到的某種痛苦、不便串連在一塊，深化他們的感覺進而對他們的潛意識產生刺激。

以上都是催眠式銷售中最基本的技巧，任何方法和技巧都貴在練習，只有這樣，才能真正成為你的一部分，就像呼吸一樣自然，時時刻刻支援著你，讓你的銷售更簡單、更自然。

買或不買，其實不是由理性或感性做出決定，而是被潛意識所左右，像新加坡航空之所以能得到「亞洲最佳航空公司」，並不是因為服務或餐點特別突出，而是因為空姐身上噴的香水，讓乘客對他們公司擁有正面的評價。

很多精品店或百貨公司，也都會費盡心思營造出特殊的香氣，這些舒服的味道不知不覺讓人卸下心防，在潛意識中建立良好的形象。除了香水之外，我還聽過一個例子，聽到的時候覺得難以相信，但事後想想也覺得很有道理——那就是賓士車的研發團隊特別注重「關車門的聲音」，這會影響到消費者最終是否購買，聲音聽起來要沉穩、有大老闆的感覺，透過感官讓好印象不知不覺進入潛意識之中。

催眠必殺絕技：
銷售前的關鍵密技

1 自信，打開成功大門的鑰匙

　　什麼是自信？自信是這樣的一種心態：相信自己的能力、選擇和最終的結果。在銷售行業，每位業務員要想做出一番成就，都必須要有高於常人的自信。因為，一旦客戶發現你的信心不足，就不會對你的商品產生好感，進而導致你的失敗率提高。現實中，不可能所有的老闆都賞識你，都願意給你機會；也不可能所有的客戶都會接受你的銷售，所以在面對無數次的挫折、失敗時，你都必須要有足夠的自信心，在說服別人前先說服且完善自己。

　　心理學家指出，我們可以運用自我催眠的方式來改變那些儲存在腦中的重要資訊，以此來改變我們的情緒，這一改變通常是正面、積極的；且我們說的催眠法並不是要人們去忘記什麼，而是透過影響人們的潛意識，來改變人們對事物的看法。相信不少人都有發覺，其實我們完全可以改變自己對事物的情緒和認知，同樣地，我們的心態全可以改變對方的看法。

　　世上最偉大的業務員喬‧吉拉德（Joe Girard）曾說：「不要自我設限，無論身在什麼狀況，你都要擺脫它，並對自己說，我做得到……那你就有99％的可能做到。」這句話說明著催眠自己以產生自信的重要性。那自信又是什麼呢？自信就是發自內心的自我肯定和相信，是一種積極的心態，是讓你成功銷售最重要的精神食糧。

　　銷售其實是一種苦力活，在銷售中如果連你自己都沒信心，自己都說服不了自己，又要如何催眠客戶購買你的產品呢？所以，自信心的建立絕對是進行催眠式銷售的重中之重，只有滿懷信心地從事銷售，讓自信心成為最堅強的後盾，你才能坦然面對無數次的挫

折、失敗，展現良好的銷售姿態！

有人說，做一名業務員會有兩大敵人──看得見的敵人（競爭對手）和看不見的敵人（自己）。業務員日復一日被客戶拒絕時，如果沒有頑強的鬥志和必勝的信念，難免會產生「太辛苦了，我堅持不下去！」的負面念頭，而這就是我們心中那看不見的敵人，若想戰勝這看不見的敵人，就要具有信心、時常鼓勵自己。

所以，人若能在催眠狀態中，挖掘出自我的潛意識，認識到自己的潛能，就能產生滿滿的自信心，那我們就可以妥善地利用自我催眠，開發、激勵自己。

因此，業務員在銷售的過程中，無論遇到什麼事情，都要不斷地暗示自己，不能被低落的情緒所控制；那些成功者之所以成功，就是因為他們做到了這點。

有一家規模很大的機械製造廠，營運狀況不錯，還計畫要擴大編制。公司卻有一個不成文的規定，就是所有新進員工的錄取與否，全取決於試用期是否獲得總經理的認可，只要獲得認可，就等於拿到正式員工的準資格。

有一名剛畢業的社會新鮮人，沒什麼工作經驗又缺乏自信心，所以他在經過公司為期兩個月的實習培訓後，十分擔憂自己能否成功錄取，他擔心總經理會認為他無法勝任這份工作，而不發「畢業證書」給他。

但沒想到結果出乎他的意料之外，總經理對他說：「我相信你能做得很好。」還說了很多鼓勵他的話，並開始交代任務給他。總經理請他去拜訪一位老先生，那老先生雖外表看似一位糟老頭，但

他其實是三間大型工廠的董事長，總經理告訴他：「你聽著，那老先生是我朋友的父親，也是我們公司最忠實的客戶，但我要提醒你一點，他的脾氣非常暴躁，而且還很厚臉皮，老喜歡和人鬥嘴，相當令人討厭。你去拜訪的時候，他肯定會對你很不客氣，彷彿要把你吃掉一樣，但你放心，他只是一隻紙老虎，讓他嚷嚷一陣子就好。無論他說什麼，你都不要放在心上，你只要在一旁默不做聲地聽著，然後說：『是的，先生，我明白。我帶來最新的採購方案，我想這絕對是您目前最需要的。』總而言之，你就儘管讓他說，只要堅持住自己的立場，然後說清楚你來的目的，他最後一定會向我們購買的。去吧，年輕人。」

之後，年輕人信心滿滿地前去拜訪，但他說明完來意，並報上自家公司的名字後，老先生滿臉不悅，根本不想談採購之事，刻意地避開話題，一會兒問他喜歡吃什麼，一會兒又問他大學唸得是什麼……等無關緊要的問題，實在是讓人有點心浮氣躁，這時他想起總經理說的話：「最後他一定會向我們購買的。」他繼續耐心地等著，但他根本插不上嘴，就這樣一直聽著老先生說，好不容易才找到時機說道：「是的，先生，我明白。我帶來最新的採購方案，我想這絕對是貴公司目前最需要的。」這樣的進攻和防禦大約持續了半個小時，年輕人終於成功拿下這筆訂單。

年輕人拿著他談到的第一筆訂單，興高采烈地回公司報告，總經理接過他簽回的訂單，對他說：「我就知道你是相當出色的業務員。你知道嗎？你攻下了公司十五年來一直沒有攻克的碉堡，那老先生是我們所有客戶中，最吝嗇、最討厭、最難搞的大魔王！這十五年來，陸續派去不少經驗豐富的業務員，但那老先生就是不為所

動，從來沒有跟我們下過單，任何東西都沒買過。」年輕人聽完，
覺得十分詫異。

　　這位「菜鳥」為什麼能成功呢？毫無疑問是老闆先前對他說的
那些話，使他內心充滿信心。而正是因為滿懷信心，才讓他在整個
銷售過程中，都十分有耐心地傾聽客戶說話，使他「俘獲」了客戶
的心，進而成功將產品賣出去。

　　的確，如果業務員對自己都沒有信心，又要如何讓客戶對你產
生信心呢？而自信指的不是自傲，它是人與人之間積極交流與溝通
的重要因素，沒有人喜歡與畏畏縮縮的人相處，更別說是做生意了。
談判桌上，業務員若想成功說服對方，不僅要有條理、引人入勝的
口才，還要由內而外地散發出那滿滿的自信；如果業務員在談判的
時候怯場，很可能造成思維混亂、言不達意，甚至是漏洞百出，讓
對方質疑你的能力，不願意與你有過多的互動與交談。

　　自信是積極溝通的首要因素，如果業務員在開口之前就先怯場，
對自己說的內容都沒有把握，別人又怎麼會相信你呢？只有自信才
能克服談判中的恐懼與焦慮。

　　那除了內在要具備自信心外，我們還能從哪方面展現自信來催
眠客戶呢？

🔅1. 外表上

　　俗話說：「佛靠金裝，人靠衣裝。」此話說得一點也不假，一
個人是否具備自信心，其實從他的外表就能看出一二。一名穿著整

齊、乾淨俐落的業務員，定能在客戶心中留下好印象，從而贏得客戶的好感和信任，願意接受業務員的介紹而下單。

2. 語言上

銷售是靠嘴吃飯的行業，優秀的業務員，他們的口才基本上都很好；而要想在表達上展現自信，必須先做到以下三點。

- ✓ 掌握音量：業務員說話的聲音要洪亮，但聲音又不可過大，語氣要不卑不亢，展現自信。
- ✓ 咬字清晰：留意語調的抑揚頓挫，如此才能抓住客戶的注意力，讓對方跟著你的思維和節奏走。
- ✓ 注意停頓：留意每句話的長短，並適時地停頓，這樣不僅可以調整自己的思維，還能引起對方的注意，且在停頓的空檔，你還能趁機觀察對方的反應。

可見，業務員在說話的時候，要簡潔明快、順暢自然且不慍不火，處處展現出自己的自信和大方，以此作為催眠的手段，並在恰當的時機，將自己的觀點表達給客戶，激起對方的興趣。總之，只要全力以赴地去做，抱持著誓死不罷休的勇氣，就一定能達到目標；因為只有這樣，你才會想盡一切辦法接觸客戶，說服他們購買自己的商品。

在你的潛意識中注入正能量

在銷售中，業務員的心態絕對是催眠式銷售的關鍵，剛剛已經討論過這不僅會影響你說話的語氣、姿勢和臉部表情，還會對你的思維產生影響，進而透過這種思維和情緒來催眠客戶。所以，作為一名合格的業務員，你一定要透過多種方式，來培養積極進取的心態，在你的潛意識裡注入正能量，這樣才能以正確、積極的心態，面對銷售中可能出現的種種情況。

而且，這需要我們在自己的潛意識中，就先進行調節和選擇，任何的負面想法都只是一種表象，全是潛意識背後思考的結果。因此，我們要清楚知道，負能量完全是基於我們潛意識中的思想所產生，若我們對任何事都能積極些，那潛意識也會被影響，日後都朝正面思考。

一名業務員到一間外商公司推銷一批新的測量儀器，他費了好大一番功夫，才找到採購部的王經理。畢竟採購部一般都掌握著整間企業的糧倉，所以這位王經理的架子也不小，要麻煩祕書幫忙把自己的名片上呈給經理才行。祕書恭敬地把名片交給經理，一如預期，王經理不耐煩地將名片退回去給祕書，厲聲說道：「又來了！不見！」祕書很無奈地把名片退還站在門外的業務員，但他不以為意地又將名片遞給祕書。

「沒關係，我下次再來拜訪，還是請王經理留下我的名片吧。」

祕書拗不過業務員的堅持，只好硬著頭皮再走進辦公室，這時王經理真的生氣了，直接將名片撕成兩半，要祕書自己想辦法處理。

　　祕書愣在原地不知所措，經理一時來氣，便從口袋拿出十元，說：「十元買他一張名片，這樣總可以了吧。」

　　豈料，當祕書怯懦地將錢和被撕碎的名片遞給業務員後，業務員反倒開心地大聲說道：「再麻煩您跟王經理說，十元可以買我兩張名片，我還欠他一張。」隨即掏出另一張名片交給祕書。

　　這時，辦公室內傳來一陣爽朗的笑聲，王經理開門走了出來，笑道：「這麼特別的業務員，我還真是得見一見啊。」

　　即便被拒絕了數次，甚至被對方羞辱，這名業務員也沒有因此被擊退，反而越挫越勇，成功用幽默感軟化客戶的防備，讓對方不得不被他積極的心態所折服。就算王經理這次沒有與他合作，但下次若有機會，肯定會立刻想到他。

　　而這不就證明了，只要我們在客戶面前積極一點，即使被拒絕了，依然有可能扭轉劣勢，順利成交嗎？所以，無論客戶如何拒絕，你都要保持積極的態度與正能量，與客戶維持友好的關係，讓對方看到你的好形象及修養，這不僅有益於客戶對你既有的印象改觀，也有利於業務員經營自我形象。

　　那在銷售中，你要怎麼做，才能展現自己積極的一面，成功催眠客戶呢？

1. 積極正面的說話方式

　　同樣一句話，如果選用積極正面的方式表達，客戶聽起來也會舒服許多。例如：

「不好意思，打擾您這麼久。」

這是一句再簡單不過的禮貌用語，客戶聽你這樣說，想必也會禮貌性地回答：「沒關係。」但如果我們換個方式說，那結果可能會大大不同。

「不好意思暫用了您寶貴的時間，非常感謝。」

聽到這句話，客戶的回答可能就會有所改變，或許是：「哪裡，沒有多久。」在上面兩種表達方式，很明顯是第二種說法較好，不僅能讓業務員處於主導地位，也能讓客戶感受到業務員的自然大方。

2. 注意用詞的表達

「您是貴公司的負責人嗎？」
「貴公司是您負責的嗎？」

乍看之下，這兩句話的意思相同，只是遣詞用句有些微差異，但這兩句話的差別其實很大，給人的感覺也完全不一樣。第二句明顯比第一句讓人舒服，對方會覺得「我還是很有風範的呢，別人一看就知道我是公司老闆。」這是一種無形的讚美，對方聽到這句話時，自然心情愉悅，那接下來的銷售工作也會順利很多。

3. 謹慎使用否定用語

　　銷售中，客戶拒絕業務員是常有的事，但有時也會有業務員拒絕客戶的情況發生，最常見的狀況是，客戶決定下單，但產品缺貨，無法順利出單，這時業務員該如何應對呢，讓我們看看以下兩種回答方法：

　　「真不好意思，我們沒貨了。」

　　「真不好意思，由於產品廣受好評、熱銷，我們目前有些供不應求呢。」

　　在這兩種回答中，我們可以很明顯地看出第二種比第一種來得好，第一種語氣生硬，不帶任何情感，完全是公事公辦；但第二種就不同了，不僅重點有說出來，還刻意暗示客戶產品十分暢銷，所以品質絕對沒有問題，再次證明他們公司的產品，看能否尋求下次的合作機會。

　　而要做到以上三點並不容易，需要業務員平時懂得催眠自己，來調整應對客戶的心態，你可以試著這麼做：

1. 做好準備工作，減輕心理負擔

　　有些業務員在銷售的過程中，態度表現得十分消極，無法與客戶輕鬆交流，其實這是因為事前的準備工作不夠充分，擔心自己應

付不來。因此，業務員若能在進行銷售前做足準備，就一定能減輕部分的負擔。

2. 多做心理暗示，鼓勵自己

在銷售的過程中，業務員千萬不能讓自己的心情輕易被客戶左右，無論客戶的情緒如何，你都要保持禮貌和良好的銷售態度，多鼓勵自己，相信自己能做好，在無形中為產品加分。

3. 未雨綢繆，分析客戶

業務員最怕遇到陰晴不定的客戶，原本都聊得很好，可一會兒卻突然暴躁不悅，根本不給你說話的機會；但也有一些客戶是無論業務員說什麼，都不買他的帳，而之所以會產生這樣的情況，都是因為業務員的前期工作沒做好所致。

人與人之間是有差異的，不管是性格、愛好還是購物習慣都不同，所以，你唯有在拜訪客戶前，就先做好功課，先行瞭解、分析客戶的喜好、個性……等等，列出一些具體的銷售催眠策略，這樣無論客戶怎麼變臉，也能輕鬆應付，不至於手忙腳亂，甚至破局。

4. 越挫越勇，重燃自己的工作熱情

銷售，最考驗的就是人的耐性，業務員要面對客戶的酸言酸語，還要背負業績壓力，時間久了，就會有很多人漸漸失去剛入行時的熱情。因而導致部分業務員選擇放棄，有些業務員則因為職業倦怠，

影響到服務態度，對客戶失去耐性，即使產品再好，也無人問津；反之，那些能堅持下來，對客戶不失熱忱和誠意的業務員，反而能走出銷售瓶頸，深得客戶讚賞。

所以，我們要儘量避免消極態度出來攪局，保持高度的工作熱情，這是成功做好催眠式銷售的前提。

2 傾聽，讓對方不知不覺信任你

　　我們都知道，在催眠式銷售的過程中，要先對客戶進行語言引導，所以業務員要具備能言善道的好口才；但你可能會說，滔滔不絕的業務員，他的業績似乎也不是太好？其實這是因為他們忽視了很重要的一點：客戶也有訴說的欲望。

　　「喜歡說，不喜歡聽」是人的弱點之一，而「喜歡被認同」則是人的弱點之二，所以在對客戶進行催眠引導的過程中，要確實掌握這兩個人性弱點，謹守「傾聽先行」的原則，讓客戶暢所欲言的同時，又能從你身上獲得一種認同感，那這樣你肯定事半功倍。

　　誠然，作為業務員，我們不得不承認，任何一名業務員，要想成功拿下訂單，就必須具備良好的口才，但口才並非意味著是口若懸河、誇誇其談。有學者稱：「很多人總認為要讓別人同意自己的觀點，就必須要有三寸不爛之舌，藉以壓倒對方。其實，這是吃力不討好的愚蠢舉動。」每個人都有傾訴的欲望與權利，當一個人有很多話想說的時候，就不太會真心聽你講話，而這時你若說得越多，對方就越討厭你，造成反效果。

　　可見，好口才意味著在正確的時候說正確的話，倘若你無法說對話，那倒不如安靜地聽對方說，讓對方暢所欲言，效果反而更好。因此，從催眠式銷售的角度來看，傾聽是一種絕妙的催眠方式。

　　世界銷售大師喬‧吉拉德（Joe Girard）也說過：「世界上有兩種力量非常偉大：傾聽和微笑。當別人在說話時，你傾聽得越久，對方就越願意接近你；據我實際觀察也確實如此，有些業務員與客戶商談時總滔滔不絕、喋喋不休，但他們的業績卻還是平平，無亮

眼成績。試想，上帝為什麼給了我們兩隻耳朵，卻只有一張嘴呢？我想，就是希望我們少說多聽吧！」

為什麼喬‧吉拉德會得出這一結論呢？因為他曾在客戶那學到了這個道理，而且這教訓相當深刻，我們一同看看是哪一場教訓。

有一天，喬‧吉拉德接待了一位客戶，這位客戶對他推薦的車款很滿意，所以他心中有十足的把握能拿下這筆生意，就差簽約而已，但沒想到最後他卻因為過於有把握，而掉以輕心丟了這筆訂單。

喬與客戶從展示區走回會客室準備簽約，對方喜眉笑臉的和他聊起自己的兒子。

「喬，我兒子要當醫生了。」

「那很好哇。」喬‧吉拉德邊說邊打開會客室的門，這時他聽到展示區有幾位業務員在說說笑笑，客戶繼續開心地分享兒子的事蹟，但他卻分了心，整個人都在聽著展示區那邊的動靜。

「你說我兒子棒不棒？」客戶高興地說個不停。

「成績很好，是嗎？」喬‧吉拉德隨口一應，眼睛仍盯著外邊那幫人。

「班上前幾名呢。」客戶驕傲地答道。

「那他畢業後想幹什麼呢？」喬‧吉拉德接著順口一問。

「我剛跟你說過了，喬，他要當醫生了。」

喬‧吉拉德趕緊回說：「對，真是太好了！」他看了客戶一眼，意識到自己剛才根本沒仔細聽對方說話，眼神頓時有些閃爍。

客戶注意到他的恍忽，便突然說道：「啊，喬，我想到還有件急事要辦，我得先走了，之後再說吧。」起身就離開了。

　　第二天下午，喬‧吉拉德打電話給昨天那位客戶，說：「請問您今天何時要來簽約。」

　　「噢，喬。」客戶接著說：「你雖是世界頂尖的銷售冠軍，但我要告訴你，我已經跟別人買車了，因為那位業務員願意 同感受我那愉悅的心情，真誠地聽我說開心的事。可是你並沒有在聽我說話，告訴你吧銷售冠軍，有人跟你講他喜歡什麼或不喜歡什麼的時候，你應該要認真聽他們說，而且是全神貫注地聽！」

　　喬‧吉拉德猛然醒悟到自己做錯了事，趕忙說道：「如果是因為這個原因，導致您不向我買車，這確實是個很好的理由。所以，我也想告訴您我的看法是什麼。」

　　「哦？你怎麼想的？」

　　「我覺得您很不了起，您認為我不如別人，卻仍願意給我建議，我聽了雖然難受，但忠言逆耳，我虛心接受您的教訓，那能不能請您幫一個忙？」

　　「幫什麼，喬？」

　　「希望有一天您能再度光顧，給我一次機會，讓我證明我是個好聽眾，我願意為您效勞。當然，如果您不來，我也不會有任何怨言。」

　　三年後，那位客戶又來了，喬‧吉拉德成功賣一輛車給他，而且那位客戶不單只有自己買，還介紹了好幾位同事來買。之後，那名客戶又回來找喬‧吉拉德，買了一輛車作為兒子當上醫生的禮物。

　　喬‧吉拉德後來之所以能賣出車子，原因在於他運用了傾聽這一催眠方法，因為傾聽，他和客戶成為了朋友。

　　生活中，人們往往不願意花費耐心及時間去聽業務員介紹商品，但卻願意花時間與那些關心自己問題、想法和感受的人在一起。喬·吉拉德經過這次的事件，對傾聽做了簡單的總結，他認為，當我們不再喋喋不休，反而認真聽別人想說什麼的時候，你能從中得到的好處有：讓客戶感受到你對他的尊重，進而獲得更多成交的機會。

　　傾聽，是催眠式銷售的好方法之一。日本銷售大師原一平也說：「對銷售而言，善聽比善辯更重要。」因為透過傾聽能獲得客戶更多的認同與信賴。那怎樣傾聽才算到位呢？

1. 集中注意力，專心傾聽

　　在傾聽客戶說話時，不要東張西望、眼神飄忽不定，要打起精神，切忌心不在焉，這是傾聽的關鍵，也是實現良好溝通的基礎；而要做到這些，就應該在傾聽前就先做好心理、身體上的準備。

2. 不隨意打斷客戶說話

　　沒有人喜歡在說話說得正起勁時突然被人打斷，因此，一旦客戶的積極性被你「澆熄」，就很難再與他溝通了，所以你最好不要隨意插話或接話，更不要不顧對方的喜好，任意更換話題。

3. 從人們一般比較關心的話題入手

　　要探尋出客戶關心的話題，我們可以根據具體的談話環境，仔細觀察並積極傾聽，再加以思考得出對方所在意的事情為何，進而

導引到共同話題。比如，業務員可以從客戶的工作、家庭及興趣、愛好等話題開始聊起，以此活絡彼此的溝通氛圍、提升客戶對你的好感。

在一般情況下，人們會對以下問題比較感興趣：

✓ 曾經獲得過的榮譽、公司的業績等。

✓ 興趣愛好，如某項體育運動、某種娛樂休閒方式等。

✓ 家庭成員的情況，比如：孩了幾歲了、學習狀況、家庭旅遊。

✓ 某些焦點問題或者時事，比如：房價、車價、油價等。

✓ 內心深處比較懷念或者難忘的事情，和客戶一起懷舊。

✓ 運動及身體保健，提醒客戶注意自己和家人身體的保養。

當然，除了傾聽與詢問等方式外，我們還可以在與客戶進行溝通前，先花費一定的時間和精力，對客戶的喜好和品味等進行研究，這樣才能在溝通的過程中有的放矢。

由此可見，成功的催眠式銷售是有章可循、有法可依的，只要你在銷售的過程中，巧妙運用溝通技巧，不斷探索總結自己的銷售經驗與心得，就能遊刃有餘，沒有談不成的訂單！

傾聽不「傻」聽，將話題引到有利的關鍵點上

世上頂尖的業務員，透過經驗總結出了一條規律：「如果你想成為優秀的業務員，就要將聽跟說的比例調整為 2：1，分配出 70％的時間讓客戶暢所欲言；而你專心傾聽，你只要用 30％的時間來發

問、讚美和鼓勵對方，如此一來，才有可能打開對方的心，進一步說服他購買。」

講白話點，傾聽其實就是為了便於銷售，所以我們在使用傾聽這一技巧時，要多留點心，千萬不要為了傾聽而傾聽，要隨時將話題轉到銷售主題上。

小馬是一名汽車業務員，他在某次國際車展上結識一名潛在客戶，他根據這位客戶的言行舉止……等側面觀察，分析出他對越野款汽車十分有興趣，而且品味極高。所以，小馬好幾次都試圖要約對方出來聊聊越野車，但他總以各種理由推脫，說自己平日工作很忙，週末也都有安排，會和朋友一起到郊區的射擊場玩生存遊戲，這名客戶曾是射擊比賽的冠軍。

於是，小馬上網查找了大量有關射擊的資料，又對國內著名的靶場跟生存遊戲場地進行深入瞭解，還偷偷學了些射擊的基本功。之後，他再打電話給那位客戶，但這次對汽車的事情隻字不提，只問對方說：「陳先生，我上次發現一家設施齊全、環境十分舒適的射擊場，不曉得您去過嗎？」這次，小馬順利邀約成功，而且小馬對射擊知識的瞭解，也讓那位客戶刮目相看，兩人越聊越投緣。

在回去的路上，客戶主動表示自己喜歡駕駛內裝豪華的越野車，還針對市面上造型別緻、性能良好的越野車都闡述了一番，小馬認真地傾聽著，當客戶提到：「說實話，現在市面上越野車的檔次與品味做得實在……」時，小馬適時地開口說到：「我們公司剛上市一款新型的豪華越野車，是目前最有個性和品味的車款……」一場銷售就這樣展開了。

案例中，我們可以看出小馬是精明的，他清楚該如何傾聽，當他單刀直入從越野車下手，但未見成效時，就轉從對方的興趣下手，他與客戶在興趣上有了交集，產生了共鳴，對方原先對他的戒心也就消除了。只要客戶主動提及自己最喜歡的越野車時，小馬就能巧妙地接住這顆球，把話題轉到銷售上，促成一筆交易。那該如何在傾聽中將話題拉到銷售上來呢？

1. 傾聽不傻聽，要能聽出對方的弦外之音

利特爾公司是世界著名的科技諮詢公司之一，但它前身其實只不過是創始人利特爾所設立的一間化學實驗室，不為人知曉，直到發生了一件事，才讓這間小小的實驗室聲名大噪……

1921 年某聚會，許多企業家在談論科學和生產之間的關係，一位大亨高談闊論，直接否定科學對企業生產的重要性，他充滿挑戰意味地對利特爾說：「我的錢多到錢袋不夠放了，想找找豬耳朵做的絲線袋來裝錢，或許你能研發出來幫我這個大忙，這樣你也能成為貨真價實科學家。」說完，他哈哈大笑起來。

利特爾怎麼可能聽不出對方的弦外之音呢？他感到非常氣憤，恨不得賞這種人幾個耳光，但他隱忍不發，謙虛地說：「謝謝你的指點。」

之後，利特爾公司暗中收購市場上的豬耳朵，將買回的豬耳朵分解成膠質和纖維組織，把這些物質製成可紡織纖維，再紡成絲線，並染上各種不同的美麗顏色，編織成五光十色的絲線袋，產品剛上

市，就被搶購一空。

「用豬耳朵製絲線袋」這聽來荒誕不經的諷刺被徹底粉碎，原先那些不相信科學且看不起利特爾的大老闆們，從此對利特爾刮目相看。

利特爾聽出那位大亨的反諷揶揄，但他並沒有表露出來，反而在暗地裡做好準備，大肆收購豬耳朵，透過科學的方法進行反駁，不僅為自己帶來經濟利益，也予以漂亮的還擊，一舉成名。

因此，我們要讓傾聽發揮效用，就不能「傻聽」，要聽出關鍵點，才有助於銷售，否則將本末倒置。

2. 以退為進，先從客戶關心的話題入手

在銷售的過程中，有些業務員時常會站在自己的立場上考慮問題，一股腦兒地把產品／服務的資訊，迅速灌輸到客戶腦中，根本不在乎對方是否感興趣，一開口就為自己埋下失敗的種子；我們要清楚明白，實現和客戶互動的關鍵在於找到彼此間的共同話題，所以我們一定要從客戶的需求作為切入點。

3. 把握銷售進程、及時將話題轉到銷售上

「聽說又有寒流要來，先生您歲數大了，尤其要注意保暖，省得頭疼感冒不說，還可以減少溫差變化的關節疼痛，您看這件加厚的羽絨外套就很適合老年人，既保暖、舒適，又非常耐穿……」

　　在確定客戶需求之後，業務員雖然可以針對需求與客戶進行交流，但還未達到銷售目的，因此，業務員要巧妙地將話題從客戶需求轉到銷售溝通的核心問題上。在溝通時多使用積極的語句，這樣在轉化話題時會更自然、巧妙，能更順利地引導顧客從有利的一面看待產品，促進產品銷售。

　　總之，傾聽是有效溝通的重要基礎，是催眠式銷售的關鍵步驟；善於傾聽的人，能準確分析出哪些內容是主要，哪些是次要的，以便釐清客戶真正的意思，抓住銷售的關鍵點，不被其他枝節所誤導，促使最後的成交。

3 讚美與認同，打開客戶心房

常說：「人性的弱點之一就是喜歡別人讚美。」人們都長著一對喜愛讚美的耳朵，每個人都希望被尊重、認同、肯定，所以，我們要好好利用愛聽好話的這個弱點，透過讚美來接近顧客，進而催眠對方，獲得好感，這樣成交的機會能大大提升。

前面已分析過，催眠其實就是一種情境的營造，每個人都喜歡聽好話，所以業務員可以利用這一點，進行催眠式銷售，準確抓住客戶的心理，從而順利接近客戶，進行產品介紹，成功取得訂單。與客戶溝通的過程中，最重要的任務就是要讓客戶對你打開心房、產生信任感，因此，站在客戶的角度並表達對客戶的認同是必須的，每句話都要說到對方心坎兒裡。

且在對客戶進行讚美時，要懂得堆疊出一種意境、情景，引導對方進入催眠狀態，但讚美也不是毫無章法、隨意的，忌諱含糊空泛地讚美，毫無根據地奉承一個人，這樣反而會弄巧成拙，讓對方一下子就識破你並非真心；因此，我們在讚揚客戶時，態度一定要真誠，不可無的放矢。

銷售大師喬·吉拉德（Joe Girard）曾說：「我們人最重要的，就是要對自己真誠，如同黑夜跟隨白天那樣的肯定，不能對任何人虛偽。」松下幸之助也曾說：「在這個世界上，我們靠什麼去打動人心呢？有人以思維敏捷、邏輯周密的雄辯使人折服；有人以文情並茂、慷慨激昂的言詞動人心扉……但這些其實都是形式問題。我個人認為，在任何時間、地點說服任何人時，能確實起作用的因素只有一個，那就是真誠。」

　　喬・吉拉德就很懂得讚美，如果顧客帶著太太、兒子一同來賞車，他會不吝嗇地讚美對方的孩子；他也善於掌握誠實與奉承之間的尺度，儘管顧客知道喬所說的可能是場面話，但他們還是樂於聽人拍馬屁。一兩句讚美，若能調節雙方心情，使氣氛變得更愉快，消弭買賣雙方之間的敵意，更容易促使成交，何樂而不為呢？一起來看看以下的銷售案例。

　　一位外型打扮亮麗的小姐在飾品櫃前看了很久，女店員上前招呼：「這位美女，您需要買什麼？」

　　「隨便看看。」女顧客的回答明顯缺乏熱情，但她的目光仍停留在櫃裡展示的項鍊上，店員明白若不找出和顧客共同的話題，就很難營造出良好氣氛，讓到手的生意溜走。

　　細心的女店員發現到這位小姐的上衣款式十分特別，於是說道：「您這件上衣好漂亮呀！」這時客人的注意力成功被轉移了，轉頭看向店員。

　　「這件上衣的款式很少見，也是在這商場裡買的嗎？」女店員充滿興趣，笑呵呵地繼續問道。

　　「當然不是！這是在國外買的。」這位小姐終於開口了，且語氣還頗為得意。

　　「原來是這樣，我就想說都沒看過這款樣式的衣服呢！你穿這件上衣，真的很好看。」

　　「過獎了。」小姐反倒有些不好意思了。

　　「如果再戴一條項鍊，那整體搭配可能更好？」聰明的女店員順勢轉向銷售議題。

「是呀，我就是這麼想的，只是項鍊較為高價，我怕選到不合適的。」

「沒關係，我再拿幾款讓你參考。」

女店員巧妙搭起與客人之間的橋樑，成功賣出自己的商品。面對冷漠的客戶，絕對不要直接朝銷售話題進攻，要懂得旁敲側擊，先從客戶的著裝打扮讚揚一番，讓對方鬆懈，不再像刺蝟般豎起尖刺，然後順勢將話題轉移到首飾上，讓客戶產生聯想：「配一條項鍊就更完美了。」這樣，客戶的思維就自然走進你所設定的情境之中，認為非買條項鍊不可。

那在實際的銷售過程中，該如何利用讚美來進行催眠、為銷售鋪路，達到最終的成交呢？

1. 不要初見面就談銷售

採取「初次交談，不談銷售先讚美客戶」的方式，打消客戶的戒心，避免讓銷售在一開始就死在搖籃中，而且也能瞭解更多客戶資訊；這也符合心理學中的首因效應，能為下次的良性互動和銷售創造條件。

2. 讚美要有分寸，不要一發不可收拾

恭維客戶的時候要有分寸，不要說得沒完沒了，如果讓客戶產生厭惡的情緒，會導致我們尚未開始銷售前，就先被判出局。

要讓恭維和讚美發揮最大的效力，就要懂得珍惜讚美，這並不是說不去恭維別人，而是不該恭維的時候，絕對不隨意說出口，該恭維的時候，就千萬不要吝嗇；這樣，才能為銷售鋪好路。

3. 時機成熟時，適時插入銷售話題

對此，我們要善於觀察。比如，當我們發現客戶因為讚美而露出欣喜的表情，或做出一些特別的小舉動時，就說明我們的讚美起作用了，可以順勢將話題帶往銷售，向其推銷。

4. 將讚美運用於銷售中

再完美的計畫也跟不上變化，讚美應該見機行事，穿插在銷售之中。比如你準備談一筆生意，剛開始你可以先稱讚客戶有魄力，中間讚美他毅力十足，持之以恆，最後談成生意後，再肯定他的成功；時機不同，讚美也不同，次次誇到位又得體，肯定能拿下訂單。

據專家研究，一個人如果長時間被他人讚美，其心情就會變得愉悅，心防有所鬆懈，所以，想要有好業績，就應該毫不吝嗇地讚美客戶，肯定客戶，以消除他的心防，拉近彼此的距離。

每個人都需要肯定和認可，需要別人誠心誠意地讚美，因此，讚美不失為接近客戶的一種好方法，但誇獎和讚美也要實事求是。你的讚美不但要確有其事，還要選擇既定的目標。業務員在讚美客戶前，必須找出可能被忽略的特點，讓客戶覺得你是真誠的，因為

沒有誠意的讚美反而會招致客戶的反感；多餘的恭維、吹捧，會引起對方的不悅。如對方的吃相不佳，你卻說：「你吃飯的姿態真優雅！」這樣對方不僅會覺得很難堪，甚至會認為你是在藉機嘲諷他。

讚美的方式有很多種，如傳達第三者的讚美：「章經理，我聽XX公司的王總說，您做生意最爽快了，他誇您是一位果決的人。」或是讚美客戶的成績，如：「恭喜你啊，李總，我剛在報紙上看到您當選為十大傑出企業家。」或讚美客戶的愛好，如：「聽說您書法寫得很好，我竟不知道您有如此雅興。」……

在與客戶平常的互動中就要養成「稱讚對方」的習慣，營造出和諧的氣氛，多使用「真的就像你說所的那樣」、「您真是厲害（了不起）」，往往能收到意想不到的效果。有些人喜歡直接了當地讚美別人，但如果能以比喻的方式，客戶聽了會更加舒服。如：「你的鼻子很好看，很像吳奇隆。」或是留意客戶身上的配飾，我們可以說：「你的髮圈很適合你的髮型，上頭有朵小玫瑰很別緻，哪裡買的，可以介紹一下嗎，我也想買來送我女朋友，她應該會很喜歡。」細微的關注與認同，更容易拉近你和客戶的距離。

很多時候業務員要處理的不是產品的問題，而是客戶的心情及情緒，所以A咖級的業務員他們在面對客戶時，通常會採巧「先處理心情，再處理事情；先處理情緒，再講道理」的技巧。卡內基人際關係第二條原則：「給予真誠的讚賞和感謝，所以我們要懂得適時讚美客戶，客戶忙得不可開交，卻仍願意抽空與我見面且聽我說話，要感謝！客戶對產品表示出興趣和喜歡，要感謝！客戶有想購買的念頭，要感謝！客戶把我的提案或建議記在腦中，再感謝！客戶最後終於決定跟我購買了，無比的感謝！」總之，請記住，銷售

中的讚美要本著成交為前提，若背離了這一目的，那我們的讚美就會毫無意義！

 始終站在客戶的角度推銷產品

在銷售中，客戶關心的是自己的利益，業務員關心的則是自己的抽成或公司的利益，這兩者看似矛盾，但其實是一樣的；只有客戶的利益得到了保障，公司的利益才有基礎。因此，業務員一定要設身處地為客戶著想，從客戶的角度出發，充分理解對方的需求並認同他，為目標客戶介紹最合適的產品，提供真誠的建議，滿足客戶的願望，這樣才能為自己的成功和公司的發展打好基礎。

小蘭是一名化妝品專櫃的櫃姐。一次，公司推出一款新產品，小蘭打給幾位老客戶，想問看看他們對這款產品是否有興趣，於是，她撥給第一位客戶。

小蘭：「周姐，您好，我是小蘭啊。」

客戶：「哦，是你啊，有事嗎？」

小蘭：「我們公司新推出一款保濕產品，我覺得很適合您，就給您打個電話，您上次不是讓我留意的嗎？」

客戶：「哦，我知道你說的這款，但我不怎麼喜歡，你還是替我預留之前買的那組吧。」

小蘭：「但原先那組比較貴呢，我賣您貴的，我拿的利潤雖然也高，但這款新產品不僅較便宜、效果不錯，真的不考慮一下嗎？」

客戶：「難得你有這個心呀！好，我信得過你，我週末再去櫃

上看看。」

　　小蘭可說是位非常稱職的業務員，站在客戶的角度思考問題，讓對方覺得你和他們是同一陣線，並非真的想賣產品而已，最後不僅成功銷售，更贏得客戶的信任。

　　想把產品賣出去，首要便是與客戶建立起良好的關係，要實現這一步，就要懂得在不知不覺中影響你的客戶，從客戶的角度進行推銷，知道客戶真正需要什麼。你可以試著從以下這幾點著手。

1. 認真分析，從關心客戶需求入手

　　首先你要關心客戶，對客戶感興趣，想辦法得知客戶的現況與需求，打聽出客戶「想要什麼？」、「需要什麼？」、「追求什麼？」之後，才能順利切入你的產品與服務的領域。

　　而對於客戶的實際需求，最好在溝通之前就先加以認真分析，以便準確把握客戶最強烈的需要，然後從客戶的需求出發，尋找共同話題。

2. 理解客戶的心情

　　買東西其實就是買個順心，如果客戶在購買的過程中，能感覺到你的貼心，注重他的心情和感受，那客戶就會被這種氛圍所吸引，自行走進你的催眠之中，對產品投入更多的關注，考慮購買。

一名總經理欲招募特助，消息才發出去，就有一百多封求職信寄來，看得他頭昏眼花，不知該如何消化。突然，有一封求職信吸引住他的目光，信中寫道……

「您好，我知道貴司現在要看很多求職信，一定很頭痛，我非常樂意幫您處理這個問題。過去我曾在人事單位工作多年，經驗豐富，我相信自己絕對有能力來幫您解決這個問題。」

總經理頓時眼睛一亮，立刻請人事部打電話通知這位求職者來面試。

這封求職信並沒有寫得文情並茂，應徵者也沒有大肆宣傳自己的能力，但他站在老闆的角度思考，因而能從眾多求職者中脫穎而出，為自己贏得面試的機會甚至是工作。所以，若將同等的概念運用在銷售上，想必也能產生神奇的催眠效果。

3. 重視客戶的利益

說服客戶，不僅需要言談技巧，更要抓住客戶的切身利益，才能順利展開說服工作，即「站在別人的角度，說自己的話。」這是催眠銷售前的基本原則。

從心理學的角度看，我們每個人在溝通的過程中，都會有一個自己預設的立場，只要對方的立場和自己不同，就會產生一種抗拒心態。所以，業務員在催眠銷售前，若想消除客戶的抗拒意識，就要和客戶站在同一個立場、同一陣線，從客戶的角度思考他們想要什麼，不要什麼，考慮的重點在哪裡、想要達到什麼效果，打從心

底認同他。

4. 讓客戶解決問題

　　一位優秀的業務員，要能為客戶提供解決辦法，為其減少麻煩，並幫助他們拓展業務。因此，在約客戶之前，你要先做好功課，如果你的產品恰好有助於他們改善或有效解決眼前的困境，就要抓住時機告訴客戶，你的產品有何種優勢，替自己創造機會。

4 提問與引導，讓對方掉入你的圈套

　　提問在催眠式銷售中，是不可或缺的一個環節，透過提問，可以摸清客戶的真實需求；透過提問，可以引導客戶透露出自己的真實意向；透過提問，可以準確地表達自己的想法，也可以啟發客戶思考，從而帶動客戶產生購買興趣；提問還可以打破銷售過程中的冷場，激起客戶的說話欲望，延續彼此的交談。

　　因此業務員要善加引導，巧妙提出問題，在一開始就觸及客戶真實的想法，引導對方跟著自己的思維導向走。如果你想成為操控客戶心理的業務員，就要從基本的引導技巧開始！

　　小張是一名電腦業務員，前往某公司拜訪，推銷電腦。

　　小張說：「經理，上次聽您談到電腦的性能要能滿足三至五年的使用需求，但我不太理解這個意思？」

　　經理回道：「筆記型電腦品牌多、更新的又快，公司不可能年年換電腦，這樣成本太高了，所以我們希望能挑款使用年限長的型號及品牌。」

　　小張說：「話是這麼說沒錯，但目前 CPU 大約一至二年為一個世代，且每個世代的針腳通常都不一樣，不太能混插，這也是為什麼電腦使用五年左右，就差不多可以淘汰原因。好比說 2011 年上市的 1155 型 CPU 現在就已經停產了。」

　　「喔，是嗎？我想聽聽你在這方面的看法。」經理說。

　　小張分析道：「好的，我跟您分享這幾年我使用電腦的情況您就知道了。我的電腦也前幾年新買的，但現在遇到一個問題，就是

電腦的規格不夠高，我還要特別去升級硬碟才行，實在是不太方便。所以，若貴司要買，我會建議記憶體容量夠就好，一般不太需要擴充；但 CPU 就不一樣了，以目前 Intel 為例，Pentium（雙核心）一顆約 2,000 元，i3（雙核心）約 4,000 元，i5（四核心）約 6,000 元，i7（四核心）約 1 萬元。當然，如果預算夠，可以直接用 i7 的 CPU，但如果預算有限的話，哪一種 CP 值比較高呢？我會建議文書機用 i3，繪圖機用 i5，強調效能則用 i7。所以，若要符合貴司採購的需求，我覺得您在 CPU 和硬碟方面的預算設高一些的，那在未來幾年都算是頂級配置。」

小張繼續說：「您也知道，現在科技發展太快了，單核心幾乎都已經停產了，現在生產的電腦不是雙核就是負載四核的高端電腦。講白話點，i5 是 i7 的簡化版，i3 又是 i5 的簡化版，性能是 i7 > i5 > i3，一般使用 i3 和 i5 就足夠，i5 和 i7 的運行效能差異並不大，所以 i5 會是較好的選擇。」

「有道理，我就按照你的建議買吧。」經理稱讚道。

任何一場完整的催眠式銷售活動，都少不了提問，善於提問的業務員，能在一開始就掌握客戶的心理，摸清對方的需要，瞭解對方的購買意向和購買能力，同時也能帶動客戶的思維、引導客戶，把銷售的主導權一步步引向對自己有利的一方。

且提問也能打破銷售開場的瓶頸，消除客戶的防衛，促進銷售溝通，是推進和促成交易的有效工具，它決定著談話、辯論或論證的方向。

在銷售開場的時候，要想掌握整個交談局面，就得學會設計一

些問題，你才能確實引導整個銷售進程，讓客戶接受我們的催眠和引導，照著你安排的劇本走，從中找出客戶的興趣、煩惱等；總之，業務員要懂得適時將客戶的注意力引導至對自己有利的方向，掌控銷售主題。

瞭解客戶的想法很重要，你可以透過以下方式對客戶進行詢問：「……就是說，是否……」然後話鋒一轉，向客戶提出一個關鍵性的問題，引導他進一步表示意見，像是「……你的問題是不是就在這裡？」迫使客戶下結論，或使他重新考慮。若客戶不能明確地說出他的疑問，那就試著換個問題發問，找出癥結所在，然後再「對症下藥」，透過不斷地提問，瞭解你的客戶，讓客戶多說，才能確保客戶有確實瞭解你所講的內容。

1. 詢問客戶的需求和觀點

直接尋問客戶他對產品的需求，或對現有產品不滿意的地方、對新產品的期待……等，只有提問，才能摸清客戶的真實想法，對症下藥，讓銷售有個良好的開始。

2. 適當提答案為「是」或「否」的問句

若要確定客戶是否有某需求時，你可以試著把可能的需求包含在提問當中，引出「是」或「否」的回答。例如：

客戶：「現在用的筆記型電腦，它的電池續電力太短，好幾次都在緊要關頭沒電。」

業務員：「所以您希望換一台續電力較好的電腦，對嗎？」（用選擇式詢問，確認對方需求）

客戶：「是。」

 3. 尊重客戶

「我這樣講清楚嗎？」

「你瞭解我的意思嗎？」

「怎麼還不明白！」

上面三句話中，很明顯第一句是最好的，它暗示著如果客戶沒有搞懂，那就是業務員沒有講清楚，是業務員的責任。而第三句是銷售過程中一定要避免的，客戶會認為業務員是在貶低、嘲笑他的智商，這樣只會引起他們的反感。

提問，讓客戶跟著你的思維走

任何一位超級業務員都明白，催眠式銷售其實就是為客戶製造一種心境情景，讓對方接受我們的引導和暗示，進而購買我們的產品，因此，催眠式銷售的秘訣就在於找到客戶內心最強烈的需求。

但一般客戶對業務員肯定都心存戒心，他們不可能一開始就推心置腹地跟業務員說我需要什麼、想什麼，將內心真實的想法全部透露出來，那我們要如何找到客戶不願外露的內心需求呢？其中一個重要的方式就是提問，提問不但能找到客戶內心的需求，還有助

於我們掌控整個銷售局勢，讓客戶跟著我們的思維走，最終走進我們設定的情境之中。

　　約翰自己設立了一間公司，專門為企業提供人力派遣。在某個星期五中午，他和老客戶碰面，他抵達約定地點時，發現自己早到了二十分鐘，為了不白白浪費這段時間，他決定隨意找間店家進行人力諮詢，正巧附近有間規模較大的汽車零件公司。

　　「貴公司老闆在嗎？我特意前來拜訪。」他問一樓接待的總機人員。

　　「喔，在呀！你搭電梯到三樓找老闆祕書，我先幫你打電話通報一下。」總機說。

　　約翰上到三樓，問祕書：「您好，我特意來拜訪你們老闆。」

　　「沒問題，你跟我來。」祕書回道。

　　當時老闆正在和業務經理商量事情，約翰走進他的辦公室，問道：「老闆您好，我想您大概正在想辦法提升營業額吧？」

　　「年輕人，你沒看見我正在忙嗎？現在準備要午休時間，你怎麼選這樣的時間拜訪呢？」

　　約翰滿懷信心地盯著對方說：「您真的想知道嗎？」

　　「當然，我想知道。」

　　「好吧，我是從對面餐廳過來的，我有個約訪是中午 12 點，因為還有二十分鐘的空檔，所以我想說可以好好利用這短暫的時間。」約翰稍做停頓，壓低聲音問：「貴司大概沒有這麼教導業務員吧？」

　　老闆聽到約翰的話後，繃著臉看了業務經理一眼，然後微笑地對約翰說：「年輕人，請坐吧。」

這則案例中，約翰之所以能在二十分鐘內成功讓客戶接受自己，得到客戶的認可，正是因為他抓住了對方的心理特點，從對方關心的問題「提升銷售額」切入，並以此設置懸念，引導客戶說出：「當然，我想知道。」抓住客戶好奇的心，讓對方跟著自己的思維走。

在銷售過程中，只有掌握住整個談話的局勢，才能引導客戶跟著自己的思維走，順著你的話聊，接納你的催眠，最終實現成交；所以，聰明的業務員在推銷之初，都懂得用提問的方式，來吸引客戶的注意力，你也可以這麼做。

1. 詢問客戶

與客戶溝通時，只有瞭解客戶在意什麼、不在意什麼，才能做到有的放矢地溝通，但業務員卻時常忽視這一點，只顧著自己講，而不去探查客戶真實的想法，導致溝通方向與客戶內心所冀望的背道而馳，造成反效果。那要如何解決這一問題呢？那就是詢問！主動提問才能妥善控制談話的進展與方向，從而調動客戶的興趣和積極性，且多問問題，客戶就能多發言，讓你取得更多的資訊，進一步促成交易。

而當你向客戶做完產品說明之後，可以再向客戶問一些問題，檢視他聽進去多少，聽明白多少，看法如何？你可以從旁問：「關於這一點，您清楚了嗎？」或「您覺得如何？」提供客戶一個表達想法的機會。

2. 確定客戶需求後，要及時將話題轉到銷售上

在確定客戶的需求之後，雖然可以針對這些需求與對方交流，但還不算成功達到買賣目的，業務員要懂得巧妙地將話題從客戶需求轉到銷售的核心上，如同前文提到的例子。

「聽說又有寒流要來，先生您歲數大了，尤其要注意保暖，省得頭疼感冒不說，還可以減少溫差變化的關節疼痛，您看這件加厚羽絨外套就很適合老年人，既保暖、舒適，又非常耐穿……」

3. 有所避忌，有些問題不可問。

在和客戶交談的時候，有些問題要盡量避免：

- ✓ 不問及對方的花費，比方說客戶東西的價錢、或送禮的價值及費用，這會讓人覺得你過問他的經濟能力或懷疑他送禮的心意。
- ✓ 不可以問女生的年齡（除非她六歲或六十歲）。
- ✓ 不可過問別人的收入。
- ✓ 不可詳問別人的家庭狀況。
- ✓ 不可問別人用錢的方法。
- ✓ 不可過於試探別人的工作。

原則就是「己所不欲，勿施於人」，將心比心地想，假設這個問題你不希望別人過問，那就應該避免，談話的目的在於提起對方

的興趣,而非讓人生厭、反感。

 ## 催眠式引導,讓客戶在開始時就說「是」

相信很多業務員都有這樣的經驗,苦口婆心地勸說客戶購買,卻沒有發揮預期的效果,你可以試著運用催眠銷售,透過循循善誘的方式,讓客戶產生一種「心理認同感」,由他們自行引導出「值得買」的結論,這絕對比我們巧舌如簧更有效。

所以,我們可以適時地引導客戶在開始時就對你說「是」,只要他認同你,接下來就事半功倍了;可見,只要掌握一定的催眠技巧,就能操控整個引導方向,立於不敗之地。

小李是一間電子產品公司的業務員,主推電腦安全防護系統及周邊設備。某天,他前去拜訪一家公司的總經理,這間公司「財大氣粗」,老闆在業界的人脈廣泛,擁有一定的威望,若能成交,勢必能打通其他銷售管道。

總經理:「又是安全防護系統?有很多廠商來找過我,但報價都太高了。」

小李:「報價都太高了?真的是這樣嗎?」

總經理:「就是。」

小李:「那這樣您還願意聽我的介紹嗎?會不會因為前面的經驗而心生反感呢?」

客戶:「反感倒還不至於,但我覺得你的產品跟他們不會差多少。」

業務員：「所以假使有機會合作，您也不會認為是我們的資安系統更安全、更有效率，而是價格比較低嗎？」

客戶：「沒錯，有這個可能。」

業務員：「那我換個方式問好了，您想想我們買較高價的手機和傳真機，都是為了有更好的通話品質，對嗎？那資安系統一般雖然較高價，但如果能讓貴公司的電腦系統運作得更順暢、更有保障，對您公司業績的提升勢必有大大的助益，對嗎？」

客戶：「嗯，那倒是這麼回事。」

業務員：「所以您不反對我們透過合作，讓貴司可以更無後顧之憂地在技術研發、軟體開發上積極發展，是嗎？」

客戶：「是。」

很明顯，小李與客戶實現成交的方式就是透過一步步反問，將主題引到銷售上，讓客戶未對業務員或產品說個「不」字或否定意見，慢慢進行催眠；這樣做有利於掌握交談的主動權，控制整個銷售溝通的進程，將客戶引到自己銷售的目標上。

而且，如果業務員在銷售開始時，就把產品的賣點亮出來，讓客戶主動說「是」，認同我們的產品，那就算之後發現產品有些無關緊要的小缺點，也不會那麼在意了。那該如何做才能讓客戶在一開始就說「是」呢？

1. 讓客戶承認產品的優點

每個產品都有自己的優勢和缺點，我們要抓住自身產品的優勢，

並在客戶面前展露無疑。

2. 讓客戶主動將顧慮說出口

　　小齊是一名太陽能光電設備的業務員。一次，他要將一批太陽能板推銷給某商務飯店，客戶對他的產品很感興趣，但最後卻沒能順利成交。小齊知道是因為價格太貴，於是主動說道：「王總，我明白我們的產品是貴了些，這點我也承認，但剛才的產品操作您也看到了，這絕對是一套節能環保的設備，可以變廢為寶，順應未來趨勢的發展，還能為貴飯店節省下不少電費，甚至帶來可觀的收益……」小齊說完後，對方連連點頭，最後順利簽約。

　　業務員小齊之所以能成功說服客戶購買，就在於他能在客戶提出價格異議前，主動點出產品「貴」的原因，阻絕了客戶心中冒出「購買產品會吃虧」的疑慮，因而選擇購買。

3. 刻意地暴露一些產品小缺點

　　先給客戶吃定心丸，告訴客戶產品的某些缺陷和不足，但你要注意，這並非是要你將產品大大小小的問題全都羅列在客戶面前，如果你冒冒失失地將產品的缺陷告訴客戶，對方很有可能會因而不接受，不願購買。

　　所以只要掌握好這之間的眉角，不僅可以贏得客戶的信賴，還能有效地說服客戶，讓客戶更積極起來，比如，你可以轉移話題，多介紹產品其他的優點。許多時候，當你誠懇地解釋清楚箇中原委，

明理的客戶非但不會產生負面觀感，反倒會被業務員的誠實所感動。

4. 給客戶一個購買的理由

我們無論做什麼事情，都是需要理由的，客戶購買產品，也是為了達到某種目的。因此，在說服客戶時，一定要洞察客戶的心理，抓住他們內心的需求，然後從需求中找出共同話題，巧妙地將話題轉到銷售來，為客戶建構出一個好的購買理由，讓他想拒絕都難。否則，即便你費勁口舌，也與客戶內心真實的訴求點無法對頻，任何付出都會變成是多餘的。

最具說服力的催眠技巧無非是讓客戶自己承認產品的品質、服務等，讓客戶在拒絕之前先說「是」，有效將客戶的拒絕遏制住。

巧妙引導，把握整個談話的方向

我已再三強調，催眠心理學的重要內容就是引導客戶，使其接受我們的催眠暗示；因此，這需要我們掌握一定的語言技巧，才能在與客戶交談時，控制整體銷售節奏，帶動整個談話的方向。

1975 年，著名銷售高手、暢銷書作家羅伯特・L・舒克（Robert L.Shook）透過電話與肯德基創始人 —— 哈蘭德・桑德斯上校（Harland Sanders）約了個時間要採訪他，以作為撰寫《完全承諾》一書的素材。當時，桑德斯已 85 歲高齡，但他還是很熱情地表示要

親自到機場接羅伯特。

羅伯特走出機場正門，一眼就認出大名鼎鼎的桑德斯上校，因為他早已在肯德基餐廳門口見過桑德斯的雕像無數次。他熱情地跟上校握手、打招呼，沒想到桑德斯卻一臉婉惜地說：「今天沒辦法接受你的採訪了，我早上在冰上跌倒，腦袋撞個正著。」

羅伯特意識到訪談將被取消，僅平淡地說：「桑德斯先生，真的很高興看到你，也很難過聽到你受傷了。」

「嗯，就在今天早上，我不小心在家裡滑倒，頭上一大片淤青。」上校繼續說：「我不知道該如何聯繫你，跟你說我要取消這次訪談，也不能留你在機場乾等，所以我乾脆先來這裡接你，等等再去看醫生。」

「沒有關係，上校。」羅伯特刻意忽略對方要取消訪談的事實，他心中可沒有忘記大老遠跑來是為了什麼，不斷在心裡想辦法，看要如何才能達成自己的目的。

「哎喲，好大一塊淤青！」羅伯特看到上校的後腦勺那塊明顯的腫塊。「走吧，我們先去醫院處理你的傷勢，再回到你的住處談談。」

他完全不給上校說話的機會，轉頭問上校的司機：「請問車子停在哪裡？」

「就在那裡。」

「我們走吧，我們必須先送上校去看醫生。」羅伯特邊說邊往車子走去。

上校和司機主動跟在他身後，一行人開車往醫院的方向駛去，處理好傷口後，一行人又回到上校家中，開始約好的訪談。

從上述故事中，我們看到一開始是由桑德斯上校掌控談話的主動權，沒想到一下子轉變為羅伯特掌控局面，從而一步步達到他的目的。

的確，在銷售的過程中，意外的突發事件令人防不勝防，但遇上了也千萬別洩氣，不要輕易妥協，牢記你的目的，試著去帶動整個談話的方向，把握住一切言行從對方利益出發的重點，主動、積極地去扭轉、控制整個溝通的局面。

那在銷售的過程中，該如何透過暗示的手法，套出客戶內心的想法，從而主導整個談話方向呢？

💡 **1. 巧用心理暗示**

在催眠式銷售中，暗示是成功催眠必要的技巧之一，能成功引導客戶。好比說，當你瞭解客戶的經濟能力及需求後，可以試著對客戶進行這樣的暗示：「這位太太，若您購買一架鋼琴的話，孩子不僅能多學一項才藝，家中又能飄揚著優美的鋼琴聲，您說是不是很美好啊！」

但在對客戶進行暗示後，別急於要對方說出購買意願，要給他們一些思考的時間，讓暗示真正烙印在他們腦中，滲透到腦袋深處，進入潛意識層；之後，當你再次試探客戶的購買意願時，他可能會想起那個暗示，認為這是自己的需求，加速成交的進展！

2. 引出客戶的真心話

業務員總會熱情洋溢地介紹自己的產品，但客戶卻往往會以「考慮看看」為由中斷談話，雖然對方這樣說，但你心裡要明白，他並不是真的要考慮，其實這就是拒絕，若你真以為客戶需要時間來考慮，而耐心等待對方再次光臨的話，那無疑是自行放棄銷售的機會。且即使客戶表示贊同，也很有可能在最後一步退縮，若你又不斷重提此事的話，還可能致使客戶反感。

所以，你要懂得改變銷售的方式，從另一個角度引導出客戶真正的想法，進一步誘導客戶說出真心話，就有成交的希望了。你要懂得調適自己的心態，具備「被拒絕是當然的事」的心理準備，告訴自己：「被拒絕只是尚未成交。」被拒絕，對業務員來說，是再正常不過的事，千萬不要因為害怕被拒絕，而放棄任何成交的機會。

Chapter **3**

催眠式銷售 Step 1：
建立良好關係，讓客戶從潛意識就認定你

1 催眠前，先攻下客戶的好感

Toyota 公司的神級業務員神谷卓一曾說：「接近客戶，不是一昧地向客戶低頭行禮，也不是迫不及待地向客戶說明商品，這樣反而會引起對方的反感。在我剛從事業務員的時候，面對客戶我只知道如何介紹汽車，不知道該如何去突破客戶的心理防線。在無數次的銷售失利下，我漸漸開始明白，原來銷售不僅僅是說明產品細節而已，你反而要和客戶打好關係，先試著跟他們話家常，談些銷售以外的話題，讓客戶對你產生好感，這才是形成銷售的關鍵。」

有些業務員就是犯下這樣的錯誤，一見到客戶便滔滔不決地介紹產品性能、價格等，以至於成交率非常低。這樣的銷售模式，僅花了 10% 的時間在取得客戶信任，20% 的時間在尋找客戶需求，花 30% 的時間在介紹產品，40% 的時間去促成產品的成交。

但根據統計，有 71% 的人，他們之所以會跟業務員購買產品，絕大多數的原因是他們喜歡、信任這位服務他們的人；因此你在催眠前，若想成功讓對方掉入你的陷阱，你就要懂得先把自己推銷出去，和客戶初次見面時，不要只想著生意是否能談成，你反而要去想該怎麼打造出完美的情境，讓你跟客戶有個美好的第一次接觸。

一般情況下，人們都會對陌生人心懷戒備，難以敞開心防，所以業務員要積極地與客戶進行心的交流，使自己被對方所接受、喜歡和信賴你，用你的溫度去打動他，讓人感受到你的熱情與專業，特別是親和力！

有上過我的課程的人，一定都知道我相當推崇 73855 法則，因為這個法則在很多地方都適用。催眠前務必記得，你要攻破的是客

戶那隱藏起來的 93％潛意識，而非表露的小部分，攻下心防你才能進一步開始介紹，我們往往都是喜歡後才會選擇相信，對嗎？而唯有同溫，才會心生喜歡。

從業務員與客戶最初的接觸、交涉，到最後的成交並建立長久的信賴關係，業務員要充分發揮個人魅力，吸引客戶關注，贏得他認可和信任。只有提升個人魅力，樹立鮮明的個人標誌，才能更迅速地抓住客戶，讓客戶們永不散場。

《商業周刊》「超級業務員大獎」房地產業金獎得主——永慶房屋的賴宗利，在臨近中年才轉行房仲業，他靠著熟記人名，刷新房仲業在桃園區銷售紀錄，至少有十分之一的桃園人曾透過他買賣房子。他堅信人脈就是業務員最大的資本，因此，他要讓大家認識他，而要做到這點，他必須先認識大家。他對人名、電話有超強記憶力，此能力一方面與生俱來，另一方面也是他刻意地自我訓練而來，因為他發現，凡是他能喊出客戶名字的，往往都能得到對方正面的回應，更激勵他拚命地記住每個人；客戶反饋微笑，看似無價，卻能滾出價值。

賴宗利走在路上見到的每一位當地居民，他都能喊出對方名字，並熱情打招呼，也因為他的服務和為人深得人心，客戶才會放心將房子交給他賣，並推薦朋友給他。他說：「讓一個人滿意，可能影響到二十六到三十二人」這是永慶房屋內部研究報告，他銘記在心，並反推：「如果我得罪一個客人，也會讓二十六到三十二人不跟我買房子。」賴宗利堅信，建立信賴與人脈比賺錢更重要。

由於房屋買賣成交的時間長、互動也慢，持續力跟服務的態度就變得非常重要，賴宗利自然散發的親和力，讓他能在房屋仲介這

個高度重視信任感的行業中勝出。

很多業務員都認為，在客戶購買自己的產品時，銷售服務才算真正開始。其實並非如此，客戶會和你談成一筆交易，不僅因為你銷售工作做得好，還有很多其他的因素，比如看到你和其他客戶的互動情形、銷售態度、專業印象等。業務員在接觸客戶時，就應該做好萬全的準備，從接觸客戶起就開始提供最符合客戶需求的服務。

客戶都是有感情的，當客戶被業務員用不同的態度對待時，也會用相應的態度回應。業務員與客戶的合作關係，並不是一時的，所以對待客戶時不要只想到眼下的交易，而是要與客戶建立長久合作關係，為了達到這個目的，你不僅要為客戶提供良好的產品和服務，滿足客戶利益，還要試著建立鮮明的個人品牌，想辦法給客戶留下深刻而良好的印象。

賣產品前，先把自己賣出去

催眠式銷售，並不是真的要讓人睡覺，而是要營造出一個意境，說服客戶購買。因此，催眠的過程中，你不僅僅是把產品賣出去，反而是要販售「個人魅力」，贏得客戶的信任和好感。客戶只有認同你之後，才有可能接受你的產品，不然再好的產品、再好的銷售氛圍，也難以打動他的心；唯有清楚這點，你才能順利讓客戶掏錢買單。

與客戶建立良好的關係，先創造出自我形象與特色，讓你在客戶心中留有一點位置，這樣他有需求時，就會依稀想到你。業務員最怕的就是服務了半天，客戶卻對你毫無印象，那要如何才能成功

地把自己介紹給客戶呢？

　　這又要提到剛剛說的 73855 法則，由加州柏克萊大學心理學教授馬布藍（Albert Mebrabian）提出，這個法則起初是用來表示人們在看待他人時，有 55％的印象分數來自外型，38％受到說話語調與表達方式所影響，至於對方究竟說出內容，其實只佔了印象分數的7％。換言之，個人穿著與儀態，是取得好關係、好印象的關鍵！

　　大衛是一位美國醫療器材經銷商，他為了節省成本，想從中國大陸引進一些醫療器材。他聽說 A 公司是國內著名的醫療器材製造商，在醫療器材上有著先進的生產機具，器材的品質都很優良，大衛希望能和 A 公司合作，所以主動與對方聯繫，約了見面時間。

　　當天下午，大衛坐在辦公室內等待 A 公司的業務員前來，這時門開了，走進一位男士，他表示自己就是 A 公司的業務員，前來洽談合作事宜。大衛看到這名業務員，不禁皺了皺眉頭，這個人穿著皺巴巴的西裝，繫著一條領帶，且這條領帶遠看就有些髒，感覺還有油汙；腳上那雙皮鞋更是令人不敢恭維，上面似乎還有一些灰土？但這幾天氣都很好，根本不可能沾上泥濘，看來是許久沒有擦過皮鞋。

　　大衛就這樣將他從頭到腳打量了一番，業務員在說話時，他也沒有認真聽，直到對方說完，辦公室安靜下來，才回過神對他說：「嗯，我瞭解了，你先把資料給我吧，我研究一下。」業務員點點頭，留下資料後便離開了，但大衛壓根沒有去看那份資料。

　　最後的結果可想而知，大衛自然是沒有跟 A 公司合作，他另外

找了一間醫療器材廠工作。由於公司 A 的業務代表穿著邋遢，使大衛心生反感，一開始就被判出局，由此可見，業務員一定要注重自己的儀表與態度，要讓客戶留下好的印象，才能進一步擁有好關係。

那業務員要如何在客戶心中留下好印象呢？首先，儀表上一定要整潔大方，外在是別人評價你的第一關鍵，即便你的個性再好，但如果初次見面就對你打負分，要如何進下一步呢？而且整潔得體的服裝能使人帶來自信，看上去就很專業，讓人產生信賴感。

再來就是良好的精神狀態，業務員要容光煥發、精神抖擻地投入工作之中，進而感染客戶，使彼此在溝通的過程中，都能保持愉快、良好的互動模式。若具有親和力更是一大加分，要贏得對方的好感，就要用親和力打動客戶，你可以透過以下幾種方式來展現親和力。

1. 讓微笑成為你最好的名片

對業務員而言，笑容就是最好的名片；微笑面對每位客戶，就是對他們最好的尊重。微笑能拉近人與人之間的關係，減少隔閡，據調查，微笑在銷售中佔的份量為 95％，而產品介紹只佔 5％，這個數字是否令你驚訝呢？只要你看一名菜鳥業務員，他明明不夠熟悉產品，卻能將產品銷售出去，就能明白微笑的力量有多大了。

2. 充滿人情味的話

與客戶交談時，業務員可以選擇天氣、新聞等日常話題做為開

端，也可以跟客戶聊聊日常興趣等，透過這些充滿人情味與善意的話題，來打開客戶的心房，有助於整個催眠情境的建構。

　　與客戶交談時，業務員的表達能力也會影響著對方對你的印象。如果你在介紹產品時，說話說得吞吞吐吐，會讓對方懷疑你的能力及產品的好壞，他們會認為是不是產品不好；所以，業務員若表現出難以啟齒，會影響客戶對你的信任。

　　而肢體語言也是影響好感度的因素之一，知名心理學家曾說過，無聲的語言所顯示的意義要比有聲語言來得深刻。有些肢體語言已然成為一種必要的禮儀表現，比如握手、擁抱、敬禮、鞠躬……等。

　　因此，在跟客戶溝通時，你的任何表情、動作，都會間接向客戶傳達資訊，所以你應該掌握以下幾種基本的肢體語言，來輔助與客戶之間的交流。

1. 握手

　　握手是最常見的一種肢體語言，在業務員與客戶見面或告別時都用的到，因此，你要保持手部的乾爽及潔淨，不可失禮於客戶。

2. 手勢

　　在對話的過程中，難免會出現一些手勢，有助於向客戶表達自己的意思，但有些手勢可能會造成對方反感，業務員必須避免。

3. 微笑點頭

微笑點頭是業務員要多多利用的肢體語言，也是與客戶溝通時最好的工具。但要注意分寸，不要表現得過於誇張，要發自內心的微笑，適當的點頭表示問候及贊同，讓客戶感受到你的親切！

給客戶一個良好的印象，絕對有助於催眠的成功，進而順利成交，所以在推銷產品前，不如先推銷自己，提高你的專業形象，贏得對方的信賴。

包裝形象就是奪人好感的隱性暗示

世界首席的保險推銷員齊藤竹之助認為，人與人的初次交流，90％的印象是來自於服裝。而英國前首相邱吉爾（Churchill）也認為「服裝是最好的名片」。

在現代社會中，穿著打扮能表現出一個人的社會地位、經濟狀態，甚至內在修養與氣質的那一面。一個人穿著體面，給人的感覺是社會地位高、經濟條件好，很難想像一個衣衫襤褸的人會給人多好的性格形象；相反地，他會傳達給人這樣的訊息：我並不富裕，而且既懶散又邋遢。試想，有誰會願意認識這樣的人，或者是和他深交呢？

而那些打扮體面，儀容乾淨、表現大方的人，很少會有人剛認識就拒絕跟他們交談，誰都喜歡和他們打交道；所以，在公眾場合，人們總會主動接近衣著整潔、氣質落落大方的人。

因為他人對你的第一印象，50% 是由你的外在所決定的。你的外表是否乾淨清爽，是讓身邊的人判斷你是否可信的重要條件之一，也是初次見面的人決定日後如何對待你的第一條件。

在人際關係的來往當中，第一印象發生的時間或許很短、很突然，因此你的一個眼神、一個動作，甚至是服裝的款式或顏色都會讓人留下截然不同的看法。

所以，不管你是高層主管還是普通上班族，人們對你的印象，首先就來自於你的外在儀表。如果你總是邋邋隨意，你在人們心目中的印象分數就會先大打折扣，根本不用再去談如何博得人心好感的進階問題了。

如果你總能留下良好的第一印象，這當然於人於事都有利，但如果你的第一印象並不理想，例如第一次與上司開會，回來發現自己的衣服竟然穿反了；初次跟客戶見面，一時趕時間，西裝卻配了雙球鞋；第一次跟心儀的女孩約會，卻不知道說什麼而出現冷場……。

在現實生活中，是粗心也好、太緊張也罷，我們都知道初次見面往往會不夠完美，這是再正常不過的事。如果這個人只是與你擦肩而過，不會再見面，那就沒有必要補救了；但對於那些有可能繼續來往，甚至需要經常聯絡的目標對象來說，補救工作就相當重要了。穿反衣服，下次跟對方見面前檢查一下就好了；趕時間穿錯了鞋子，下次記得要留充裕的時間；出現冷場的局面，下次見面前就多做點功課，找好一些合適的話題。

俗話說：「人要衣裝，佛要金裝。」一件好商品要想吸引人的目光，就要先包裝得精美；一個人要想有良好的個人形象，就要先

注重外在的穿著打扮，認真看待形象的「包裝」。一個人的穿著打扮會大大影響日後他人對待你的方式，不可不慎，若形象太差，又要如何取得客戶的信任呢？

2 若想成功催眠，就要給他愉悅的感覺

任何的銷售拆解開來，就是在賣兩件事。第一件事情，叫做「問題的解決」；第二件事情，叫做「愉快的感覺」，也就是說光解決問題還不夠，你還要能塑造愉快的感覺，而催眠式銷售，就著重於塑造情境，所以讓客戶產生愉快的感覺，可說是相當重要。以下先分享兩個我自己的親身經歷。

我走進一家服飾店，店員充滿熱情地上前招呼，滿臉笑意地問：「先生！請問要找什麼嗎？」

「喔！我隨便看看！」我回答。

「好的！如果有任何需要可以叫我，看到有喜歡的可以試穿，不買也沒有關係。」店員親切地回應，然後就站在一旁，不打擾我的挑選。

過了五分鐘，我說：「請幫我找找有沒有比這件大一號的尺寸？」試穿後我覺得很滿意就買了。

臨走前，我主動對店員說：「本來我不打算買，但因為你那句話『不買也沒有關係』讓我改變想法，才決定現在買。」

我想大家也都常會碰到店員不是過分熱情，就是在旁邊說了一些會讓你有壓力的話，原本有意購買，後來沒了興致，沒買就離開了，不知有多少店家每天都因為這樣損失客戶，卻不自知。既然有客人走進你的店，那他就有機會成為你的客戶，所以你要營造一種輕鬆愉快的購物環境，才能留住客戶，順利成交。

　　人都不喜歡被推銷的感覺，但卻喜歡買東西，所以，你要讓你的客人買得愉快，不能讓客人有壓力，有強迫推銷的感覺，否則你的客戶就會變成競爭對手的客戶。好，接著講下一個經歷。

　　有一次我和朋友去一家餐廳吃飯，前餐有附麵包，那麵包熱騰騰的上桌，吃起來軟中帶勁，真是我所吃過最好吃的麵包，後來我向服務生再要了二塊，服務生送來時說：「老闆說兩個麵包要四十元，但今天老闆請客所以免費！」或許這只是一個謊言，但聽起來真舒服、真開心，覺得老闆人真好，讓人下次還想再來這家餐廳消費。

　　就因為服務生的一句話，留住了一群客人，這就是愉快的消費氛圍。愉快的消費氛圍，能讓催眠進行的更為順利，甚至能為你帶來無數次重複的消費及更多的顧客。

　　買東西買的就是一種感覺，很多時候明明覺得好像這個東西也不缺，或者目前沒有這個需求，為什麼還是掏錢買了？這就是催眠式銷售無形的力量。

　　最常見的狀況就是百貨公司的週年慶，有的人會列出清單，就只買清單上的東西，但離開的時候，通常會多買很多東西。像我有一年去百貨公司週年慶，就列了要買的襯衫、外套，依清單買完總共 8,200 多元，但因為百貨公司在做活動，滿 5,000 元送 500 元，所以我就想著要不要湊一萬？結果湊一湊就消費了 12,800 多元，這時我又在想「要不要繼續湊？」結果最後我總共買了 25,000 多元。對我來說，原本那 8,000 多元的產品，是「問題的解決」，後面再多

買的，其實就是「愉快的感覺」。

愉快感覺是氛圍，那氛圍來自於什麼？因為氛圍很抽象，如果用 NLP 神經語言學的概念來講，氛圍是一個五感體驗。五種感官經驗包括視覺、聽覺、味覺、觸覺、嗅覺，看到什麼、聽到什麼、聞起來什麼味道、嚐起來什麼味道，觸摸起來什麼感覺，這些就是五感體驗。

NLP 神經語言學指出我們人有不同的傾向。每個人注重的感覺是不一樣的，有人是視覺型的，有人是聽覺型的，有人是感覺型、觸覺型的，因為一樣米養百樣人，如果你知道你的客戶特別注重哪個感官的話，那你就從那個感官去加強催眠，就更容易成交了。所以，業務員要懂得針對不同類型的人做不同的引導，面對視覺型的人，你就要讓他看到產品的實品，唯有看到他才能感覺到。

所以你在跟一個人交談，瞭解他是哪一類型的人後，你會發現大家通常都不是均衡類型的人，會偏重某一方面，因此你要對不同人採取不一樣的態度與舉動。例如，對感覺型或觸覺型的人，你的擁抱，拍拍對方的肩膀，握手都非常重要；可是對聽覺型的人，就毫不重要，若聽不到聲音他就不會有感覺，這就叫做五感銷售。

很多時候，當我們在講銷售的時候，為什麼很多人重視五感銷售？這對商店來說更是如此。以星巴克為例，為什麼大家都喜歡到星巴克喝咖啡？許多人的回答是「感覺很好」。但其實是五感經驗加起來很好，視覺燈光裝潢看起來很喜歡，音樂聽起來很舒服，空氣中聞得到咖啡香，觸覺是星巴克的椅子坐起來很輕鬆，最後才是味覺，喝到咖啡的味道很滿足，這五個感官加在一起就是所謂的體驗，然後體驗內化為好感，最後掏錢購買。

愉快的感覺除了是現場氛圍的營造之外，業務員或銷售員的訓練也很重要。如果百貨公司只知道要訓練櫃台小姐產品知識及使用功能，那就錯了，不是說產品知識不重要，而是還要培訓她們如何帶給客戶愉快的感覺。你會發現一些賣場如大潤發、家樂福，它們發的傳單上面的商品真的超便宜，因為它就是要利用便宜的優惠來吸引你去消費，當消費者親臨賣場後，他們就設法營造出購買的氛圍（對消費者而言就是愉快的感覺），進行催眠式銷售。例如，我公司走出來就是中和 Costco，有時為了方便我就把車停在那裡，時不時會收到商品促銷傳單而被吸引去逛逛和試吃，它的試吃通常又都很大份、不小氣，所以在試吃時感受到愉快的氣氛，所以我就買了，然後推車很大，我買的東西看起來太少了！於是又再多買了一些東西，但這完全不在我的預期之內，這就是愉快的感覺，其實催眠就是這麼簡單。

 ## 那解決問題跟愉快感覺哪個重要？

我常在課程當中問學員一個問題：「問題解決」跟「愉快感覺」這兩件事情，哪一個比較重要？許多人的回答是愉快感覺比較重要，但事實上，我不得不說，愉快的感覺與問題的解決對業務員來說同等重要。但記住，千萬不能本末倒置，有很多人上了一些大師的銷售課程後，會覺得產品知識不重要，錯了，產品知識還是很重要，因為那是業務員的基本功，是一定要懂、必備的，也是你專業的呈現，你若不懂，如何能賣給客戶呢？如果你賣保險不懂保險，賣車子不懂車子，那你銷售什麼呢？所以，你當然要懂，不管賣什麼你

一定要讓自己對該領域瞭若指掌，這是身為業務員最基本的。

在問題的解決上，如果業務員沒有專業知識，只讓客戶感覺很愉快，但儘管客戶再愉快，問你問題卻一問三不知，專業度不夠，自然就不可能成交了。

所以，若想成功催眠，你就要設法去營造愉快的感覺，去瞭解潛在客戶的問題在哪裡，並幫助他解決，在這個過程當中營造出愉快的感覺，你就能成功催眠對方，這就是成交的秘訣，因此你提供的產品或服務就叫做問題的解決方案。找出顧客的問題並協助他解決，若顧客問題很小，你就在傷口上灑鹽，讓他認為這個問題比他想像中的還大，這樣你的解決方案才能符合他的這個問題，你的解決方案才能順理成章地賣給他；而又在愉快的氛圍下，成交自然是順理成章了。

當然，有一個說話的小技巧要告訴各位，那就是「平衡式話術」。無論客戶的意見是對是錯、是有深度還是幼稚，業務員都不能忽視或輕視，要尊重客戶的意見，講話時面帶微笑、正視客戶，客戶說的，你都要先表示認同，千萬不要反駁。有一個 SOP 標準步驟是：

✓ 微笑認同：你這個問題問得非常好
✓ 反問：請問您覺得哪裡不合適呢？
✓ 再提出你的解釋＋說明

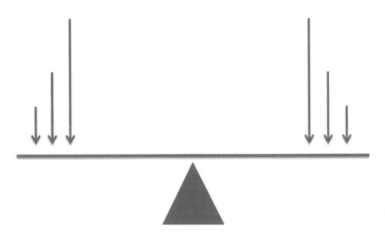

平衡式話術，絕對成交。

1. 微笑認同

客戶不管說什麼，你都要表示「對，有道理」千萬不要反駁，但如果客戶說「你的產品不好」你也要說：「對，我的產品很不好」嗎？

這裡指的「對」……並不是真的說對，而是要你表示認同，不管客戶說什麼就一定要先認同，一般人的錯誤是急著解釋，比方客戶說：「你的產品很爛」，你立即反駁說：「怎麼會，是你錯了，我們的產品是多好……多好……」這樣成交的機率就變渺茫了。建議你不要急著駁斥，而是要表示認同，不管客戶說什麼都要表示認同。如果情況不容許你說對或表示認同的話，你可以說：「你這個問題問得非常好」以表示你的認同。

2. 反問

指順著他的話問他一個問題。比方客戶對你說：「直銷很不好耶」那你第一步的認同，就要說：「這問題問得太好了，很多人都這麼認為」，第二步則反問，你可以說：「請問你認為直銷哪裡不好呢？」

3. 進入解釋和說明

一定要有前面兩步認同、反問做緩衝，很多人都急著對客戶辯解補充，因而導致成交破局，比方有人說：「我不適合做直銷……」你卻急著說：「不不不，你很適合，天生就是做直銷的料。」最後通常成交不了。所以一定要先表示認同再反問，反問說：「那你覺得自己哪點不適合做直銷呢？」對方可能會回答說：「我口才很差……」等等說一堆原因，然後你在知道這些原因，心裡有譜之後，再做解釋和說明，就比較能發揮效益。

例如，客戶問你：「這是直銷嗎？」笨蛋才會回答是，因為很多人一聽是直銷，通常都十分排斥，轉身就走。若說不是，那對方可能會說什麼：「不是啊……那就算了。」明白了嗎？人分兩種，一種是喜歡，一種是不喜歡，我們怎麼能先假設對方是喜歡還是不喜歡呢？所以最保險的做法就是先認同再反問，從反問中瞭解對方是喜歡直銷還是不喜歡直銷？那你第三步的說明和解釋就解決了，所以如果你一開始就急著說明解釋，反而容易不平衡。

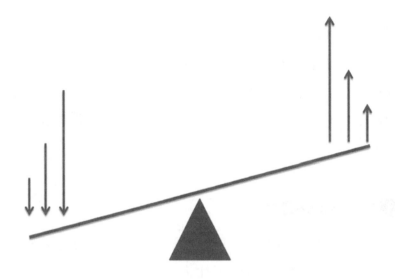

不平衡式話術，雙方沒有在同一軌道上，沒有一致性。

　　永遠不要說客戶錯了，也不要說「但是、可是」，你可以這樣說：「我非常同意（尊重）您的意見，但同時……（能讓客戶樂於接受意見）」先表示對客戶異議的同情、理解，或是簡單地重複客戶的問題，使客戶心裡有暫時的平衡，然後再轉移話題，對客戶的異議進行反駁處理。一般來說，間接處理法不會直接冒犯客戶，能保持較良好的銷售氣氛；而重複客戶異議並表示認同的過程，又給了業務員一個閃躲的機會，使業務員有時間進行思考和分析，判斷客戶異議的性質與根源。

　　間接處理法能讓客戶感到被尊重、被承認、被理解，雖然異議被否定了，但在情感與想法上是可以接受的。用間接處理法處理客戶異議，比反駁法委婉、誠懇些，收到的效果也較好。

　　利用客戶異議正確的、積極的一面，化解客戶異議錯誤、消極

的一面，化障礙為信號，成功催眠、促進成交。比如：

客戶：「價格怎麼又漲了。」

業務員：「是的，價格是漲了，而且未來勢必還會再漲，現在不進貨，以後損失更多。」

這是對中間商的說法，那如果是對最終消費的客戶就該說：「以後只會漲不會跌，再不買，就虧更多了！」

你還可以根據事實和理由，間接否定客戶意見。比如客戶說店員介紹的服飾顏色過時了，店員不妨這樣回答：「小姐，您的記憶力真好，這顏色在幾年前就已經流行過了，不過服裝流行是會循環的，像今年秋冬又會開始流行這種顏色，現在買正划算呢！」

「永遠不要跟客戶發生爭執」，這是每位業務員在服務客戶時應謹記在心的一句話，相信你我都未曾聽聞有業務員與客戶爭執後，反而能獲益的案例。所以，跟客戶理論出一個是非曲直對業績和利潤並沒有什麼幫助，唯有如此你才能順利引導對方進入你的催眠之中。客戶永遠是對的！每位業務員都要牢記。

3 掌握人性，找到銷售突破點

　　催眠式銷售的主要目標就是透過影響心理，讓客戶進到我們所設定的銷售氛圍之中，以實現成功銷售的目的，而要達到這一目標，我們就要針對不同客戶，對症下藥。

　　業務員每天都會遇到形形色色的客戶，即便我們的銷售經驗再豐富，還是會因為這些難纏的客戶感到頭疼；業務員好像永遠都是初心者，不知道這次遇到的大魔王有什麼必殺技。但其實我們都忽略了一點，就是客戶他們也是人，並非真的是魔物，他們也有著人性共同的特徵，只要我們掌握住人性這一特點，找到客戶的心理突破點，就能對症下藥、審時度勢，順利拿下客戶，取得訂單。

　　在催眠式銷售中，有很多超級業務員會為了掌握整個銷售的方向，採取提問的方式來催眠客戶。提問的方式有很多種，其中有封閉式及開放式兩種提問法，開放式提問前面已有介紹，這裡就不再多做解釋；而所謂的封閉式提問，是指你所設定的答案有唯一性，範圍較小，對回答的內容有一定限制，給對方一個框架，讓他在可選的幾個答案中進行選擇。

　　當我們在與客戶溝通的過程中，若使用開放式提問，便於我們得知對方的實際需求為何，反之，若進行封閉式提問，能逐步引導客戶，讓他順著你的劇本走，進而接受你的建議，實現成交。我們一起來看看下面這個封閉式提問的案例。

　　業務員：「您同意獲得利潤的關鍵是經營管理有方嗎？」
　　顧客：「對。」

業務員：「專家的建議是否也有助於獲取利潤呢？」

顧客：「那是毫無疑問的。」

業務員：「那我們過去的建議對你們有幫助嗎？」

顧客：「嗯，有一定的幫助。」

業務員：「若考慮到目前的生產情況，你認為技術改革是否有利於生產暢銷品呢？」

顧客：「照理說是有利的。」

業務員：「那如果把產品最後的加工再做得精細一點，是否有助於市場上的銷售呢？」

顧客：「是的。」

業務員：「如果在適當的時間，以合理的價格推銷品質好的產品，你們公司能否得到更多的訂單？」

顧客：「這是一定的。」

業務員：「那如果貴公司按照我們的方法進行測試，對測試結果也感到滿意的話，是否會願意採用我們的機械呢？」

顧客：「若評估後沒有太大問題，那就會選擇你們的。」

業務員：「要不然，我們現在就先簽個協議？」

顧客：「好吧，也是可以。」

在現實的銷售過程中，雖然不會像上述案例中如此順利，但如果業務員在引導和催眠客戶時，用「是」或「不是」二選一的封閉式提問，能提高客戶購買的意願，將對方的思維逐步引導至自己所希望的軌道上來，從而催眠客戶同意成交。那該如何對客戶進行封閉式提問呢？我這裡提供幾點建議：

1. 建議式提問

採用提問的方式向客戶提意見，比單純建議客戶購買產生的作用更大、效果更好。因為雖然是提問，但最終的決定權若在客戶手裡，對方會有被尊重的感覺。

- ✓ 「您要年繳還是季繳呢？」
- ✓ 「您要親自取件？還是我替您送保單過去呢？」

若透過電話銷售，我們也可以採用這樣的話術：「王先生，經過剛才的講解，相信我們都有取得共識，解決這個問題已經刻不容緩，是否明天或後天約個時間，我再向您仔細說明。」只要對方決定與你見面，那電話銷售就算成功。

2. 二選一提問法

二選一的提問方式，能讓業務員在無形中替客戶做出購買決定。很多時候，你會發現客戶其實已經有購買意願，但卻遲遲做不出決定，這時，你就可以對客戶使用這樣的提問方式，提出一個可以讓客戶選擇的問題，使他們在你的引導下簽訂單。

一位保險業務員去拜訪客戶，在介紹完之後，他發現對方投保的意願極高，卻不願意直接表態，於是問道：「保費您是要月繳，還是季繳呢？」

「季繳好了。」

「那保險受益人呢？除了您本人外，要填您的妻子還是兒子呢？」

「妻子。」

「那您的投保額度要 100 萬還是 200 萬呢？」

「200 萬。」

整份保單的細項都確認完畢後，就能順利簽下訂單。因此，在催眠式銷售的過程中，如果業務員能恰當地提問，便能順利將客戶帶進自己的暗示之中，引導他們由被動變為主動。

接連追問，讓客戶下決心購買

在現實銷售中，客戶之所以遲遲不肯成交，其實並不是內心需求沒有被滿足，而是因為他們沒有下定決心購買。所以，作為業務員，你不僅要盡可能滿足客戶的需求，還要懂得運用提問來進行催眠暗示，讓客戶沒有反悔的餘地，透過追根究底的方式，來提高客戶對需求的緊迫感。

阿德是一位電腦業務員，他的業績始終好不起來，也不知道是什麼原因。一天，阿德前去拜訪一位客戶，他發現這位客戶相當看重電腦系統的安全性，所以他針對客戶這點需求，主動做出了一些提問。

阿德：「您可以看看我們公司的產品，它能確保電腦系統的安

全性，不曉得您有興趣瞭解一下嗎？」

客戶：「是嗎？哦……」

阿德：「我們的產品正好可以滿足您的需求啊……您不試一試，真是太可惜了。」

客戶：「你們的產品是聽起來不錯，不過……」

阿德：「還有什麼讓您不滿意的地方嗎？」

客戶：「沒有，但我想再考慮一下……」

阿德敗興而歸，但他回去後，總結了一下今天的拜訪，發現一個問題……於是他隔天又到另一家公司推銷，但阿德改變了提問的方式。

阿德：「如果電腦忽然當機，而且怎麼樣都修復不好，會出現什麼情況呢？」

客戶：「工作將無法正常進行，很多重要資料和會議記錄會因此消失，這將嚴重影響到客戶，是非常糟糕的事情。」

阿德：「系統當掉為何會影響到您的客戶呢？」

客戶：「如果我的電腦無法作業，那就無法如期完成案子呀，勢必會失去客戶。」

阿德：「若檔案因電腦系統損壞而全部丟失，您又會怎麼辦？」

客戶：「那是最糟糕的，我不希望發生這樣的事。」

阿德：「那請您務必試試我們的產品吧，我們公司設計的電腦，它的系統安全性經過特別強化，還會自動備份檔案，使用上絕對可以安心，可為您避免許多不必要的麻煩……」

客戶：「這樣真的很棒！那麼你們的產品……」

業務員阿德的銷售案例證明了一點：催眠式銷售中的提問是有章可循的。他在第一次的銷售中，雖然也透過提問與客戶溝通，但卻沒有發揮預期的效果，這是為什麼呢？因為他提問的方法不對，沒有讓對方產生要立即做決定的緊迫感，因而很難讓客戶下單。

很多時候，客戶的確有購買的需求及念頭，但往往會因為不急或認為還能觀望，而不給予正面的答覆，使你的銷售工作停滯、增加難度，只要時間一拖下去，客戶就極有可能改變主意。

業務員提問時，客戶的思維一般都會跟著業務員走，因為他會覺得你在問他問題，所以他必須回答；因此，只要提問加深，力道加大，客戶會認為好像真的有這麼一回事，快速做出成交決定，以獲得內心的安全感。

在向客戶提問時，業務員一定要有的放矢，提出實質的問題，再加入一些故事性的渲染，讓客戶體會到，若不購買產品可能會遇到困難或遭受什麼損失……等，不斷提升客戶對產品的急迫性、緊張感，進而更快實現成交。

1. 喚醒客戶的內心需求，深化困難

這種提問方式，是讓客戶明白若沒有購買產品，將會帶來怎樣的不便和影響，你也可以利用正面比較，告訴他購買產品後，能產生什麼改變，這樣他們就會自己說服自己。

例如向客戶推銷遮光窗簾時，就可以用深化的方式提問，逐步增加客戶需求的緊迫感，像是「午休時，陽光直接照在臉上，您不會覺得不舒服嗎？」、「外頭天氣炎熱，若窗簾遮光效果不好，那

冷氣是怎麼吹都不涼，這樣電費還不爆表嗎？」像這樣不斷深化客戶會遇到的困難、不便與嚴重性，就能逐漸提高客戶對產品需求的緊迫感，促使他做出成交決定。

2. 持續提醒客戶困難的存在

　　要讓客戶的需求轉化為強烈的購買欲望，業務員還要注意提問的頻率，儘量保持提問的連續性，客戶在被連續提問下，才會對需求的緊迫感持續增強，一旦中斷提問，就會像拉緊的橡皮筋突然放鬆一樣，失去應有的效果。

3. 選擇正確的提問方式

　　✓ 循循善誘式提問

　　這是典型的催眠式銷售步驟，這種提問方式業務員必須一步步誘導客戶跟著他的思路走，讓客戶沒有猶豫的時間，就好比陳述一個事實前，要先做好一個框架，讓客戶自動跳進去，引導客戶做出業務員想要的回答。

　　客戶：「有沒有賣營業用的咖啡機或其他同等級的？」

　　業務員：「如果我能找到您要的咖啡機，您是不是就會買了呢？」

　　客戶：「那能夠提供 12 期的分期付款嗎？」

　　業務員：「如果我能提供 12 期的分期付款，您是不是決定買了

呢？」

客戶：「如果我們今天就決定，你能下個星期一送貨嗎？」

業務員：「如果我保證下個星期一送貨，我們今天是不是就可以簽合約了？」

✔ 二選一式提問

選擇式提問是業務員最常用的一種提問方式，它可以掌控客戶的注意力，要求客戶在你設定的範圍內做出選擇，透過這種提問方式，將銷售的主導權穩穩握在手中。

業務員：「您一直留意休旅車，是考慮換台休旅車，對嗎？」

顧客：「對。」

業務員：「那您想要油電混合車，還是一般款？」

顧客：「我想看油電混合車，比較省油。」

業務員：「那您要配備衛星導航嗎？全景天窗有需要嗎？」

顧客：「衛星導航，還要有倒車顯影。」

只要你能先把要介紹的產品分成幾類，讓客戶從中選出一個或幾個，能便於你瞭解客戶想要的是什麼，更容易找到最貼近客戶需求的產品，讓交易更快談成。

客戶購買產品是為了滿足需求，只有在瞭解產品的好處，確定產品能為自己帶來利益後才會購買。所以業務員在銷售時，要結合客戶的利益，把產品的好處說到對方心坎裡，引起他的共鳴，讓他不知不覺掉入你的催眠漩渦。

　　喬‧吉拉德曾說：「鑽進客戶心裡，才能發掘客戶的需求。」業務員唯有抓住客戶的心，才能抓住銷售的突破點。有時產品可能不吸引客戶，這並不是產品不夠好，而是那並非客戶心裡所要的，因而對你的介紹不感興趣。

　　介紹產品的優點，是催眠客戶成交的方法之一，客戶需要什麼，你就給他介紹什麼；客戶不感興趣的，你就一語帶過，甚至可以完全忽略。頂尖的業務員，他們從不強迫客戶接受產品的優點，而是極盡所能的自行將銷售氛圍營造出來，引起對方的興趣，讓客戶看到產品的好處，打從心裡接受，找到購買的理由，最具成效的催眠就是由自己說服自己。

　　不曉得各位是否想過這樣的問題，客戶為什麼會購買你的商品？難道只是因為它物美價廉、外觀時尚？還是它功能齊全呢？當然，這些可能都是客戶會購買產品的原因，但絕不是他決定付錢的關鍵。銷售最重要的，是你要能滿足客戶的需求，所以你在進行催眠式銷售時，營造的氛圍要契合「我要買下他！」，而不是「為什麼我要購買？」，你要形成他購買的念頭，讓他自行產生強烈的購買欲。

那些無所不在的心理暗示

　　我認為現代社會像一張大網，我們每個人在這張大網裡，不可避免地要和來自四面八方的人事物產生關聯，進而結成更高密度的複雜網絡，形成各式各樣的人際關係；也正是這種層級化的社交關係，間接造成人與人之間的利益衝突與心理壓力。

當我們在面對社會日益激烈的競爭時，有些人為了成功，會想盡方法「哄騙」對方，以心理暗示的方式，製造出對方「願者上鉤」的和平假象，殊不知他的舉動其實都有著隱含。因為很多時候，當我們使用「明」的方式達不到目的時，若選擇以「暗」的方式驅動對方，說不定在達成目的的同時還能贏得人心。還記得我前面說我家吃飯時，我母親的明示效果有多差嗎？

因此，我們也可以試著想想，有多少你認為「理所當然」的事情，實則上是受到「他人操控」的結果呢？多思考幾分鐘，想想你為什麼會決定這麼做，判斷出別人「驅動」你的方式，在生活中多一些戒心，以免輕易落入他人的暗示陷阱還不自知。

暗示在本質上是指人的情感與觀念會在不同程度上受到他人下意識的影響。人們會在不自覺間受到自己喜歡、信任或是崇拜的人影響而改變原先的想法或行動。其心理機制是外界暗示在不知不覺中滲透到個體內心，在個體的潛意識內形成一種心理傾向，此可轉化為心理能量，以支配個人的行為或心理。

我曾在書上讀過這樣一則小故事，現在分享給各位。

有一個氣喘病人因為病情發作而從床上驚起，他覺得自己快要窒息而死，下意識地衝向門口，打開大門拼命地深呼吸。門外新鮮的空氣讓他覺得舒服多了，很快就不喘了，於是他又回到床上，沉沉地昏睡了過去。

第二天早上，當他醒來的時候卻發現房間內衣櫃的門大大的敞開了。原來，昨晚他打開的並不是房門，而是衣櫃門。

　　從心理學的角度上來看，這個氣喘病人正是因為受到了環境與自我的影響，在不自覺間產生了與之相應的行為和情緒，這就是所謂的心理暗示。他將衣櫃門當成房門，覺得自己得救的心理暗示，加上他的大口深呼吸，讓他安全度過此次的危機，或者也可說是他自己的暗示心態救了自己，雖然當下他並不自覺，而這正是催眠式銷售的重點。

　　催眠式銷售其實在日常生活中隨處可見，當你到大賣場買牙膏時，面對著琳瑯滿目、五花八門的牙膏品牌，你可能會不自覺地選擇自己喜歡的明星所代言的產品，或者是你看最多次廣告的產品，這就是電視廣告對於購物心理的暗示作用。這同時意味著：雖然你可能從來都沒有專心地去看過一則廣告，但這些無所不在的廣告資訊反覆的重播，便無聲無息地進入你的潛意識中，不知不覺被催眠。

　　你可能也聽過破窗效應（Broken windows theory），這是犯罪學中的一種理論，此理論認為環境中的不良現象如果被放任存在，就會誘使人們仿效，甚至變本加厲。我們以一棟有幾個破窗戶的公寓作為例，如果那些破窗戶沒被修好，就可能會有人破壞更多的窗戶，如果被不良分子發現無人居住，他們更可能會擅闖占據那裡，甚至是縱火造成公共危險。

　　這也就是為什麼在五星級飯店裡，很多人不會隨地吐痰、丟菸頭，就是因為那個環境給了他一種無形的整潔與社會水準的暗示，讓房客不由自主地約束自己的行為。但若是在一個隨處可見垃圾的公共場所，即使牆上已經寫著醒目的「請勿亂丟垃圾」的警告標語，有可能許多人仍不以為意，甚至視而不見，諸如此類都是暗示的一種。

　　暗示作用常常會使自己或他人無意識地按照某些一定方式而表現出相應的行為，但並不是所有人都會受到暗示的影響。一般而言，那些容易受到他人心理暗示的人通常是意志較不堅定的人，而自我意志力強大的人則不容易被影響。

　　當然，在對客戶進行暗示時，你要懂得將資訊進行篩選，不要亂講話，你想表達的事情，背後的論據要對自己有利，要剔除掉可能讓你形成弱勢的訊息，才能確實引導並暗示對方朝你設定好的劇本前進。

　　而暗示有時容易、有時不容易，這取決於客戶的反應，若你覺得有時很難掌握客戶的心理，那你可以找第三人協助，讓他看似路人或見證者，但其實他是你為劇本所設定好的角色，透過他，來協助你對真正想催眠的人，營造出一種你很值得信任或產品值得買的氛圍！

4 對症下藥，掌握不同類型客戶的催眠策略

　　各位知不知道，最常見的催眠型式是誰對誰的催眠？答案就是自己對自己的催眠。所以你可以每天早上起來就自我催眠，告訴自己這是美好的一天，我一定要努力！每位培訓大師幾乎都會這麼說，你知道喬·吉拉德（Joe Girard）是如何催眠自己？他每天早上都很早起床，然後對自己說：「我發誓！一定要有人對我今天的早起負責！」這就是喬·吉拉德的絕招，以此來鼓舞、振奮自己，至於那個人是誰？自然是跟他買車的人。

　　那他每天都能找到負責的那個人嗎？答案是沒有。因為他一個月的最高銷售紀錄為 6 部車，所以他並沒有天天達成早上的喊話，但他一個月賣 6 部車，就能成為世界第一的銷售員。所以我們要像他一樣，進行自我催眠，而且是正向的催眠，相信各位都看過《秘密》這本書，那書裡想表達的到底是什麼？就是只要你心裡想的是正向的，那回饋而來的也會是正向；反之，若是負面的，你接受到的也只會是負面的結果。

　　你知道這在心理學中是什麼？心理學、數學跟統計學都告訴我們，我們碰到好事是機率問題，每個人的一生都符合大數法則（大數定律），肯定會碰到好事跟不好的事情，不可能有人一生倒楣，就好比你運氣好，中了樂透頭獎，但你有可能一直中頭獎嗎？不可能，除非你作弊或有什麼特殊原因。

　　人的個性有兩種，一種是埋沒壞事、張揚好事，另外一種則相反，他埋沒好事、張揚壞事，所以你要改變自己的心態，這樣你的自我催眠才會成功。舉個例子，我高中的時候，得搭公車去上學，

而我家附近的站牌只有 5 號公車跟 262 號公車。比方說我要等 262 號公車，但來得卻都是 5 號公車，這時你就會想自己怎麼這麼衰、倒楣？認為自己運氣很背，只要你有這個想法，你就真的從此倒楣了。

其實這完全是機率問題，平時可能你等 262 號公車等的很順，不會特別注意，但這次就剛好班次少，所以你就記在心上了，就這樣催眠了自己；因而世上出現兩種人：樂觀的人跟悲觀的人，這都是自我催眠所造成。

那從另一方面來說，就是解釋的問題了，像我個人有二部汽車，但我平時還是喜歡以機車代步，較為方便。那如果在騎車時，機車騎一騎突然故障了，這時你會怎麼解釋？你會認為自己倒楣透頂，上班途中摩托車壞掉，不僅壞了，這個月的全勤也沒了，真是倒八輩子的楣；還是慶幸剛出門就壞掉，可以趕緊把車牽回家，用別種交通工具上班呢？所以，同樣一件事情，完全是看自己解釋的說詞、看你怎麼想。

像 NLP 跟催眠式銷售都強調心態的重要。只有說服了自己，甚至是催眠了自己，才具有強大的自信心，消除對失敗與拒絕的恐懼，進而再接再厲！從事銷售工作的人，通常都敗在被拒絕，那你要怎麼解釋這三個字呢？這影響著你是否能夠成交。其實你根本不用怕被拒絕，因為被拒絕就只是尚未成交而已，你的字典沒有失敗二字！

銷售過程中，那些業績出色的業務員，並非是運氣好，所以才

未遭受客戶拒絕,他們被拒絕的機率跟其他人是一樣的,只是他們善於改變局面。那他們為什麼總是能成功化解客戶的拒絕,並從中找到成功的機會呢?因為他們具有更出色的資訊分析能力、敏銳的觀察能力和靈活的反應能力,最重要的是他們深諳催眠式銷售,能找到最佳的方式來引導客戶。

業務員:「您好,嚴總,我是 A 公司的小王,我們上次在貴公司見過面,還記得嗎?」

客戶:「上次不是和你說清楚了嗎,你們公司產品有很多瑕疵,這樣的產品我們不敢用,你怎麼還打來?」

業務員:「不好意思,又給您添麻煩了,上次的機具我們賣的很好,可能是有什麼誤解。我想提供您一些新的設備,這能幫貴司節省 30%的成本,方便見一面嗎?絕對能幫到您的。」

客戶:「還是上次的那款設備嗎?」

業務員:「不,是另外一種,這可是我們研發許久才推出的,經過很多檢驗測試,品質嚴格把關。」

客戶:「哦,那是什麼?」

業務員:「用電話可能說不清楚,擔心誤導您,如果您有時間,我帶些資料過去,您看如何?」

客戶:「好吧,那我跟你約……」

很明顯,範例中的客戶是屬於嚴謹的人,所以業務員採用利益的方式,來誘惑和催眠客戶,使客戶有繼續聽下去的欲望。在銷售中,我們會遇到不同類型、不同性格的客戶,如果無法瞭解各類型

客戶的性格，就很難做到對症下藥。因此，業務員要想激發客戶的購買欲望，就要有機智的大腦，要在銷售中研究客戶的性格及特點，找到適合的催眠策略。

下面介紹幾種不同類型的客戶及相應的方法：

1. 熱情型客戶

這類客戶一般交際能力比較強，性格外向、樂觀積極，善於與人溝通，且他們較喜歡新穎的產品，做決定時容易受到情緒、感情的影響，但要與這類型的人建立感情，並不難。

這類客戶比較希望能獲得業務員的肯定，成為交際的中心和別人關注的對象，形成自己的影響力，所以和這類型的人打交道時，要注意以下幾點。

✓ 讚揚對方：熱情型的客戶時常提出自己的想法和建議，這時業務員不要與之爭論，反而要學會讚揚對方。

✓ 喜於求新，投其所好：業務員介紹產品或服務的時候，最好順應他們求新、求異的心理，向他們推薦較新穎、特別的產品或服務，強調產品的市場趨勢來吸引客戶，以「新」來敲開對方的大門，投其所好。

2. 挑剔型客戶

挑剔是每個人的通病，但有些客戶更為明顯，很多時候業務員在介紹時，客戶就會開始滔滔不絕的抱怨、找碴，一會兒不滿意產

品的品質、價格；一會兒嫌產品性能不好；一會兒又抱怨公司不夠大間，服務不夠完善等，總希望得到最好、最完美的產品。像這樣的客戶就是標準的挑剔型，應對時要更為小心謹慎。

✓ 保持冷靜，控制情緒。這類客戶一般都會願意購買，只是嘴上不饒人，所以我們的催眠意境最好是順著他走，千萬不能批評或責備對方，先順從客戶的意見，再婉轉地指出建議。像是「您說的有道理，但是……」這種語句，不僅能表達業務員自身的想法，又能照顧到客戶的情緒，非常有效。

✓ 主動為客戶找到購買的理由。客戶之所以會挑剔，說明他有很多的異議，但主要的異議是什麼，就要你自己分析出原因了；洞悉背後的主要異議是打開客戶心扉的關鍵，只要找到客戶挑剔的原因，我們就能針對他的需求，主動為他尋找購買的理由，促成成交。

3. 專業型客戶

有些客戶所瞭解的領域較廣也較深，甚至比業務員都專業，他們可能提出一些你回答不出來的問題，比如，他們會問：「這種產品的技術缺點解決了沒有啊？」、「據我所知，這種系統近幾年都存在一些問題。」這就是專業型客戶。

面對客戶提出具有挑戰性的提問，我們應該認真地審視自身的能力和技巧。優秀的業務員應該要最希望遇到這類的客戶，因為可以不必費時費力地向對方解釋、介紹產品；但如果業務員能力不足，

不僅無法獲得客戶認可，還會影響企業或公司的形象，所以，面對
這類客戶時，你應該注意下列幾點。

✓ 加強自身的專業素質，對自己銷售的產品要有很深的瞭解和
認識，這樣才能應付客戶提出的專業問題。

✓ 讚美客戶的專業性，並一一解答問題，千萬不能迴避，但對
於一些局限性的問題，要實事求是地加以說明。

總之，在建構催眠式銷售的過程中，我們要找出對方的性格特
點，對症下藥、看人下菜，才能有的放矢進行催眠與引導，加快銷
售進程，達到銷售目的。

 對不同年齡層的客戶如何勸購

催眠式銷售的目的是為客戶設定一個特定的情境和氛圍，讓客
戶在一個愉快的氣氛下，接受我們的勸購，但前提是，客戶要有購
買意向，對產品有一定的需求；若沒有購買意向，無論業務者再怎
麼費盡心機勸說，也不可能順利成交。當然，客戶的購買意向與需
求，是可以從無到有的，只要你能做好說服工作，激發客戶的購買
欲望，那成交可說是輕而易舉，但這部分在下一章再跟各位講解。
我們現在還是先瞭解客戶類型，畢竟客戶群體是十分多樣化的，光
不同年齡層的顧客，消費心理與特點就有著極大的差異，若想成功
催眠，就必須針對特點才能順利引導和激發他們的購買欲。

　　飛飛是一名菜鳥業務員，推銷時總會遇到一些莫名其妙的問題，同期的新人也沒有像他一樣遇到這些事……原來，問題出在自己身上，他不管遇到什麼類型的客戶，就上前胡亂推銷，搞得自己也無法收拾。

　　因此，經理安排飛飛去上銷售培訓。課程上，飛飛初次認識到「消費特點」這個名詞，他才明白原來不同年齡層的消費者，他們的消費特點都不同，於是他下課回家後馬上進行練習，依家裡各年齡層的成員進行了消費特點的分析。

　　家中成員有：父母親、爺爺、奶奶和飛飛。

　　爺爺奶奶是老年人，生活上很少有額外消費，所以他們的退休金足夠他們花用。

　　父母親是中年人，他們每天除了基本花費外，還有一些其他開支。比如，爸爸每天要抽一包菸，每餐要喝點酒，所以他在酒與菸上的支出無法避免；偶爾還會請朋友吃飯，這也需要一定的花費。

　　至於媽媽，在美容保養上面花費較大，偶爾會與朋友一起逛街、吃飯。另外，父母親都是教育工作者，會固定買一些書籍……等。

　　畢業前，我的學費是家裡較大筆的支出，每個月還要給我生活費，雖然偶爾會買買衣服和同學聚會，但在校期間的消費基本上較穩定。現在畢業了，我的消費開銷也大了起來，光手機的電話費就是不小的開支。

　　飛飛這份家庭成員的分析報告有著一定的意義，反映了現今大部分家庭的收入與支出的情況，能讓我們對不同年齡的消費情況有

個大致的瞭解；所以，我們可以根據年齡層特點對客戶做出以下歸納，擬定出具針對性的銷售策略。

1. 老年人的消費特徵及銷售策略

隨著人們生活水準的提升，老年人口的基數越來越龐大，所幸子女都已成家立業，所以老年人的家庭負擔大為減輕，且他們有一定的儲蓄或退休金，可供自己花費支出。

而龐大的人口基數和一定的消費能力，說明著老年消費群體是一個潛力巨大的「銀色市場」，一般來說，銀髮族的消費內容主要集中在飲食、醫療保健和文化娛樂方面；消費習慣比較穩定，對產品的品牌忠實度也比較高。

因此，在建構銀髮族顧客的銷售意境時，最好能將產品的性能與其健康、飲食、醫療、娛樂等方面連結起來，強調產品的安全性和實用性，讓他們買得放心、用得安心。

2. 中年人的消費特徵及銷售策略

一般來說，中年人在消費時比年輕人要理智、穩重，會有所節制，因為他們較清楚賺錢的辛苦，且一般都是家庭的經濟支柱，肩負著家庭生活開銷的重任。因此，比起花費他們更懂得儲蓄，消費特點一般如下。

✓ 他們的消費行為多是理性、有計畫性，通常不會帶有情緒性

的衝動購買。

✓ 消費時會綜合評估各方因素,注重商品的實用性和 CP 值,不像時下年輕人那樣,較注重產品的包裝、顏色、款式等。

✓ 注重商品使用的便利性,傾向於減輕家務勞動時間或提高工作效率的產品。

✓ 不盲目追趕潮流,對新穎的產品缺乏足夠的熱情。

✓ 消費需求穩定而集中,會抑制消費頻率。

因此,在引導中年人消費產品的時候,我們要儘量從產品出發,多介紹產品能帶來的益處,必要時還可以介紹產品的成本及價值,讓顧客覺得這是物美價廉的優質產品。

3. 年輕人的消費特徵及銷售策略

這是人生最富有創造性和追求獨立性的時期,一般年輕族群消費者,通常具有以下幾點消費特徵。

✓ 市場潛力大,消費能力強。

✓ 自我意識強烈,不希望跟不上潮流。

✓ 消費行為易於衝動,屬於感性消費。

比如,一些年輕人在購物的時候,會關注產品的款式、顏色、包裝等,這些要素在某種程度上,甚至決定了他們是否購買的第一要素;且年輕人的消費行為,隨機性和波動性的變化很大,一會兒

喜歡這種，一會兒又喜歡另外一種。

因此，在催眠年輕人購買的時候，我們可以多強調商品的個性化特點，比如：「看得出來，小姐是個注重時尚和品味的人，如果您穿上這雙高跟鞋，一定會有很多人投以羨慕的眼光，在朋友圈中掀起一陣時尚潮流。」

以上關於不同年齡層的消費特點和習慣的總結，相信能讓大家在引導客戶進入你所設定的購買氛圍中發揮到有效作用，但要記得，一定要和客戶有著良好的互動關係，這樣才能順利製造銷售氛圍喔。

Chapter **4**

催眠式銷售 Step 2：
刺激＋落實需求，讓客戶接受你的推銷

1 給客戶一個購買的理由

　　客戶為什麼會買，因為我們給了他一個理由。當你想要成交時，就必須給客戶一個買的理由。你在和他溝通的時候，就是在幫他找理由，告訴他一個非買不可的理由，只要他認同了這個理由，他就會買了。

　　那客戶買的是什麼呢？客戶買的是一種確定的感覺，在銷售過程中，你讓客戶感受到的氛圍將影響到他是否決定購買，若業務員很有自信、很確定地向客戶表示，這是最適合他需求的，最能幫助到他，那客戶就會買單。

　　試問，一款高檔奢侈品擺在菜市場的地攤上販賣，你會掏錢買嗎？再或者是：該款奢侈品雖然在高檔百貨精品店販售，但銷售員不尊重你，對你的態度很差，你會買嗎？所以，若你在進行催眠時，能營造好的氛圍與感覺，為顧客找到理由，那成交就不遠了！

　　有利益，才會動心，想要順利售出產品，就要讓客戶看到實實在在的利益。當客戶還沒得到商品時，他會先想像使用這個產品後帶來的改變；而客戶在購買產品前，會再權衡一下產品給自己帶來的好處，權衡後，如果發現自己的付出得不到相對的回饋，就會毫不猶豫地拒絕業務員成交請求。

　　因此，你在向客戶介紹產品好處時，要先提及某種突出特徵，根據客戶的需求，強調這種特徵所形成的價值，並營造出使用時的情景，讓客戶印象深刻。要注意的是，你要盡可能讓客戶覺得自己從中獲得了利益，這樣才能加深他想要「擁有」的感覺，刺激他購買的欲望。

當你打算購買一些東西時，你是否清楚自己購買的理由？有些東西也許事先沒想要買，可一旦決定購買時，是不是又會有一些理由支持你去做這件事。再仔細推敲一下，這些購買的理由正是我們最關心的利益點，也是業務員最好下手的催眠點。

因此，業務員可從探討客戶購買產品的理由，找出客戶購買的動機，發現客戶最關心的利益點。

1. 品牌滿足

整體形象的訴求最能滿足地位顯赫人士的特殊需求。比如，賓士（Benz）汽車滿足了客戶想要突顯自己地位的需求。針對這些人，銷售時，不妨從此處著手試探潛在客戶最關心的利益點是否在此。

2. 服務

因為服務好這個理由，而吸引客戶絡繹不絕地進出的商店、餐館、飯店等比比皆是；售後服務更具有滿足客戶安全及安心的需求。服務也是找出客戶關心的利益點之一。

3. 價格

若客戶對價格非常重視，可向他推薦在預算上能滿足他的商品，否則只有找出更多的特殊利益，以提升產品的價值，使之認為值得購買。

以上三點能幫助你及早探查出客戶關心的需求及利益點，只有客戶接受銷售的利益點，給他一個買的理由、一個確定的感覺，讓他認為「就是這個了」，你才能進一步催眠他，促成交易。

業務員的產品滿足客戶的主要需求後，如果還有額外的益處，對客戶來說會是一個驚喜。你可試著重新幫客戶定位他的利益點，找出額外的需求點，提醒客戶這種產品的益處是什麼，不要等客戶自己發現。

舉一個簡單的例子，夏天時，女性的包包裡都喜歡放一把遮陽傘，那麼防紫外線就是客戶的首要利益，如果你的產品除了能遮陽之外，折疊起來更小巧、更輕便，樣子也更為美觀，勢必會受到女性客戶的青睞。

像很多業務員在介紹產品時，只曉得將產品的特徵一一列舉給客戶，這樣的做法是無法令客戶對你的產品印象深刻的。你滔滔不絕地向客戶介紹了一大推產品特徵，但客戶聽完後卻一臉茫然地說：「那又怎樣？」或「你說這些有什麼用呢？」完全沒有觸動到他的心。因此，在介紹產品特徵時，要結合產品益處，明白告訴客戶產品會給他帶來什麼樣的好處，這樣客戶才會對你的產品感興趣，進而與自己的需求做連結。

但要注意的是，當你將產品特徵轉化為產品益處時，要考慮到客戶的需求，只有你的產品益處是客戶想擁有的，才能成功刺激到客戶的購買欲望，讓客戶覺得這就是我要買的、適合我的，可以解決我目前問題的產品；如果產品的益處是客戶不需要的，那麼你的產品再好，客戶也不會購買。其實客戶會猶豫、會抗拒不買，是因為他們害怕、擔心買到價值不足或是不適合，不符合自己需求的產

品。而你就是要讓客戶看到實實在在的好處，給他確定的感覺，讓他買了不會後悔。

　　要想取得好的業績，就要懂得把握銷售節奏，按部就班地與客戶接觸、進行催眠，不要太過急躁，先與客戶做好溝通、逐漸加深彼此間的信任，唯有客戶確定了產品能給他帶來的利益之後，才會考慮是否購買。所以，顧客購買產品是想要知道這個產品或服務可以為他解決什麼問題，而對業務員而言，你要做的就是有自信地對客戶展現出「確定的感覺」！再加以深化．催眠客戶！然後成交！

挖掘產品最突出的賣點，贏得客戶的認同

　　隨著經濟的發展和科技的進步，各行各業都在進步中，隨之而來的也就是市場競爭越來越激烈。尤其是在銷售市場，客戶會同時與好幾家銷售公司保持聯繫，他們希望從中找到能為他們提供產品，物美價廉的合作公司，許多時候我們稍不留神，競爭對手就會趁虛而入，一旦競爭對手與你的潛在客戶簽約，我們之前所做的一切努力都將白費；所以，我們要想留住客戶，就必須學會用我們產品的賣點、亮點來打敗對手。

　　因此，我們可以說，在催眠式銷售的過程中，用產品的賣點來吸引和催眠客戶是銷售的關鍵步驟，客戶只有看到產品相較於其他同類產品的優勢，才會產生購買欲望。

　　小高是一間家用電器公司的業務員，一次，他透過朋友得知某安養中心欲採購一批洗衣機，於是主動上門推銷。

聽完小高的介紹後，陳院長明確地表示說：「我們確實想汰換老舊的洗衣機，今天上午已經來了三位業務員，但我要考慮一下買哪家的產品好。這樣吧，你留下一張名片，我想想再打給你。」

小高心裡明白，如果只留下一張名片就離開，肯定拿不到訂單，面對眾多的競爭對手，只有突出產品的優勢，才能讓對方選擇自己的產品。於是，他問陳院長：「為什麼貴院想要汰換掉原來的洗衣機呢？」

陳院長說：「原來的洗衣機使用好多年都舊了，而且現在院內的老人變多，要洗濯的衣物自然隨之增多，所以才想添置幾台新的洗衣機，消化大量的衣服。」

「原來是這樣啊！那能容許我再重點介紹一下我們公司的洗衣機嗎？我們都知道洗衣機最麻煩的是保養及維修費高，但我們的洗衣機能有效為您解決這個頭疼的問題。」小高自信滿滿地說。

陳院長不相信地搖搖頭說：「據我所知，每家洗衣機的保固期差不多都是一年。」

小高說：「市面上的洗衣機普遍是這樣沒錯，但我們產品的保固期可長達三年，而且三年後若有損壞，只要打電話至我們的維修中心，就會派工人到府維修，維修費也低於行情價，其他廠牌的洗衣機可沒有這樣的服務。」

聽到小高這樣說，陳院長有點喜出望外：「那你們洗衣機的功能是怎麼樣啊？你給我介紹一下吧，價格又是怎麼賣的呢？」

「我們洗衣機的功能跟其他洗衣機是大同小異的，費用也都差不多，但就是因為價錢差不多，就像我剛才說的，我們公司贏在服務呀。」

陳院長聽到這，馬上心動了：「這樣啊，你給我說說這款洗衣機的具體細節及報價吧。」

產品最突出的亮點就是它能否替客戶帶來他所期待的利益，或幫客戶解決問題，發揮一定的作用。因此，強化自己產品的特點，是業務員應該提前想到的問題，在催眠客戶的過程中，只有突出自己產品的賣點和優勢，才能穩穩握住銷售流程中的主控權，主導銷售的前進方向，只要成為銷售的主控者，那成交就不遠了。

因此，當客戶已經瞭解產品的穩定度和價值與性能後，要主力突顯產品不同於其他產品的優點與功能介紹，這樣，我們的產品優勢才能具體的呈現出來。你一定要讓客戶瞭解到產品的賣點，介紹產品時，將產品特徵轉化為對客戶的益處，如果無法點出產品跟客戶之間的相關利益，那他就不會對產品產生深刻的印象，更別說要說服他購買了。那要如何說才能介紹到客戶的需求點上，取得對方的認同呢？

1. 掌握有效說明產品賣點的方式

一般來說，無論業務員以何種方式向客戶介紹或展示產品，通常都會圍繞以下幾個主題展開。

✓ 省錢

小盧是一名紙廠業務員。一天，他打電話給一位印刷廠廠長，他已事先探查到這位廠長很有能力，做事相當有魄力。

「吳廠長，您好。我是紙廠的小盧，我聽朋友說您為人非常好，因此想說有沒有機會能拜訪您，為您服務呢？我們廠裡有一批庫存紙想推薦給您，比市場價再便宜 2,000 元 / 噸。我們工廠每年只有兩次特價，一次是二、三月份，一次是十、十一月，機會難得，且這批的庫存不多，所以我還沒敢把消息放出去。按照廠裡的規定，一次購買 500 令的話，可以便宜 2,000 元 / 噸，一次購買 1,000 令紙的話，可以便宜 2,400 元 / 噸，您看您需要多少令呢？但我會建議您購買 1,000 令，這樣就立即為您節省近八萬元。」

「如果我只想買 600 令呢？」

「600 令，我想想……噢，對了，我有一個客戶他只要 200 令，正愁 500 令的紙他無法消化呢，還是您就訂個 800 令，你們兩家我做一張單出，這樣就能湊 1,000 令享受優惠了，對大家都有好處，您覺得呢？」

「這樣也行，那就買 800 令吧。」

就這樣，小盧輕鬆地賣給了吳廠長 800 令紙。

✓ 完善的售後服務
✓ 節能環保
✓ 提升成就感

當然，我們說明產品賣點時，必須針對客戶的實際需求下手，如果提出的產品賣點並不符合客戶的需求，那即便產品的 CP 值再高，也勾不起客戶的購買興趣。

2. 強化產品的優勢與賣點

當客戶說出願意購買的產品條件時，我們要立刻在腦中將自己的產品特徵和客戶心中的理想產品進行比較，明確哪些產品特徵是符合客戶期望的，哪些要求難以實現，這樣你就能針對需求滿足客戶。

✓ 業務員要懂得強化產品的賣點與優勢，適時對客戶發動攻勢，才能將產品的賣點與優勢亮出來。例如：「您在意產品的品質和售後要求，我們公司都可以滿足您，另一方面，我們公司的產品的特點在於……且還提供了各式各樣的服務專案，如……」在強化產品優勢時，業務員必須保證自己的產品介紹實事求是，並表現出沉穩、自信和真誠的態度。

✓ 對於那些無法實現的需求要避重就輕。業務員要客觀表達產品所存在的不足，世上不可能有百分百完美的產品，任何產品都有其無法實現的需求。對此，業務員要真誠地表現出來，但儘量弱化這項缺點。

把產品價值展現出來

你要給客戶一個買的理由，這個理由就是產品的價值。銷售就是解決客戶的問題或帶給客戶更大的快樂與滿足，但一般客戶比較注重問題的解決，所以客戶的痛苦就是業務員的機會。因此，產品的價值就在於能為客戶避免掉什麼痛苦與壞處。

　　知道瞎子摸象的故事嗎？明明是一頭大象，因為眼睛看不到，你在摸牠的時候，會因接觸到的地方不同而有不同的感覺；而且不同的人去摸，感覺會不一樣，描述也會不一樣。這就是為什麼業務員口才一定要有一定的水準，因為你要會描述，才能產生價值；不會描述的價值聽起來不高，但會描述的就能產生很大的價值，所以我為什麼要開的公眾演說班，目的就是為了教你怎麼去說，說出產品或服務的價值。

　　業務員常聽到客戶會很直接地拒絕說：「我沒錢」，其實這是顧客不想購買某件商品的藉口，這句話真正的意思是：「我才不想花錢買這樣東西呢！」即使是有錢人，對於不需要、感受不到魅力的東西，他們一樣會推說「沒錢」。

　　也就是說客戶對於「覺得很有價值的東西、自己想要擁有的商品，即使要節省生活費、刷信用卡分期付款，還是想要買；但其他的東西則希望盡可能撿便宜或根本不買。」這就是為什麼高級品牌非常受歡迎，10元商店或折扣藥妝店也人氣特旺的原因。所以，能否讓消費者確實感受到商品的「特殊價值」，決定了交易的成敗。

　　有了價值之後，客戶才會買單。所以，全世界最好賣的東西是什麼？是價值遠大於價格的東西。但價格是客觀的，價值卻是主觀的；而這個主觀來自哪裡，來自於你找的人是誰，以及你的描述。比方說我有個東西要賣，潛在客戶那麼多，這東西對每個人的價值都不同，那我應該去找誰？找那個認為我這樣東西價值高的人，再經由我的描述催眠他，說這樣產品有多麼好及特別，還有我個人在客戶面前是值得他信任的樣子，於是就成交了。

　　什麼叫找錯人，找錯人就是：這個東西明明很有價值，但客戶

卻不認為它很有價值。這是因為每個人的問題都不一樣，痛處與需求自然也不一樣；所以，你要找到目標客戶，會描述、塑造出產品或服務的價值，取得他的信任，那麼就絕對成交了，這是催眠式銷售中最重要的一件事情。

因此，成交關鍵不在於客戶有沒有錢，而是讓客戶覺得「說什麼都想要」、「即使很貴也想買」。業務員就是要努力把產品價值呈現出來並論述出來，最有效的方式是解析產品優勢，讓客戶看到產品獨一無二的價值，引起客戶的購買興趣。假如客戶不斷地提到價錢的問題，就表示你沒有把產品的真正價值告訴顧客，才會讓他很在意價錢。記住，一定要不斷教育客戶為什麼你的產品物超所值。

客戶購買產品其主要原因是看中產品本身的使用價值，而不是花俏的促銷手法和業務員的好口才。將產品賣給客戶的最好方法，是要準確解析產品優勢，將產品的優點全面展示給客戶，用產品本身來催眠客戶，讓客戶心甘情願地購買，實現銷售價值的最大化。

2 在傷口上灑鹽，深化他的痛苦

　　深化，在傷口上灑鹽，跟對方交談時在弱點上灑鹽，讓對方覺得疼痛，因而印象深刻、感觸尤深，然後你再想辦法將痛苦解決掉，這樣你就成交了。近幾年，台灣房地產不景氣，我認識一位建商老闆，他在板橋有兩個建案，我就問他建案的特色是什麼？他回我：「便宜。」然後我告訴他，讓銷售員在買房者的傷口上撒鹽，主力推銷你們的建案便宜就好！為什麼呢？因為板橋的房價很高，如果採用這個方法，一定很容易就能奏效。

　　像以前建商都會玩一種把戲，你知道是什麼嗎？他們會對外宣稱自己的房價有多低，但你打電話詢問或到現場賞屋時，他們卻告訴你最便宜的戶數已售罄，其實他們根本沒有這麼低的房型，只是要吸引你去參觀而已。

　　所以，我那時就告訴我的朋友，你千萬不要玩這種把戲，你反而要換個說法：「低價的賣完了，現在剩下中、高價位，但我還是用低價位賣你。」因此，他這兩個建案，銷售一空，空屋率是零！為什麼？因為屋價太高沒人買得起呀！只要你賣得低了，他們就會買了，更何況這還是新建案。

　　你要知道，消費者之所以會購買，正是因為有心理需求，而我們就是要把顧客的需求，挑出來，再加以深化，讓客戶相信你賣的產品或提供的服務物超所值，這樣就發揮到了催眠的作用，贏得客戶的心。

　　就好比我們行走在沙漠時，太陽非常的毒辣，隨身攜帶的水又早已喝完了，你又熱又渴，整個人都快暈倒，這時如果有人過來賣

礦泉水，哪怕一瓶要價 1,000 元，你也會花錢買下，因為那不僅是一瓶水，更是救命的東西，它的價值遠遠超過 1,000 元。

同樣地，在催眠式銷售的過程中，若僅讓客戶發現需求是不夠的，還要告訴他們，這個需求若不加以滿足，會導致什麼樣的後果，招致多大的損失。而要得到客戶的認同，就要努力催眠客戶，強化他們心中的感受，感覺越強烈，產品在客戶眼裡的價值就越高；就好比將客戶放在沙漠裡，你再賣水給他一樣，這樣的礦泉水才能更顯現出它的價值，所以，產品能否售出，完全取決於客戶感覺到的痛苦程度。讓我們看看下面的案例。

保險業務員小張前去拜訪李小姐，之前他已經有跟李小姐碰過面並講解保險內容，這次他希望能將保單簽下來。

李小姐：「您好！小張，我正好想告訴你，我仔細考量後，還是決定不買保險了。」

小張：「您能告訴我為什麼不買嗎？」

李小姐：「因為沒必要啊。」

小張：「怎麼會沒必要呢？」

李小姐：「你可能不知道，我以前是個購物狂，為此花了很多錢，所以我之後養成一個習慣，當我決定要不要買哪個東西的時候，會問自己一個問題，這樣我就能決定買與不買了。」

小張：「那您是怎麼問自己的呢？」

李小姐：「有一次，我在百貨公司看中一個 LV 的名牌包，一個要價好幾萬元！其實我不是買不起，而是我的包已經很多了。所以，你跟我介紹完保險之後，我一直反問自己：『不買會死嗎？』

小張我問你，你讓我買保險，但如果我不買保險，難道會死嗎？」

　　小張：「謝謝您提醒我，李姐。我理解您的想法，不買保險當然不會死，但如果你沒買，那死了的時候會很慘；當然不是指你死得很慘，而是那些依靠你的人會很慘。因為你死了以後，活著的人會因此失去經濟來源，他們的日子會變得很艱難，而你能給他們的保障是什麼？只有保險是你唯一可以給家人的保障，讓他們在你死後不至於天塌了下來！」

　　最後，小張順著這條思路再延伸、擴大，最後李小姐終於在保險單上簽下自己和家人的名字。

　　小張抓住了客戶這樣的心理，如果說掏錢購買包包會心痛，那只有兩分痛；但如果不買保險所造成的後果，則可能會有八分痛，如此比較過後，客戶一定會選擇購買。可見，要想讓某人主動做某件事，必須給他創造一定的需求。

　　那人內心深處最根本的需求是什麼呢？一句話來概括：追求快樂，逃避痛苦。這是人的本性，所以對業務員來說，要對客戶做的催眠工作也只有一個：把好處說夠，把痛苦說透。我們一旦看上某個產品，開始追尋目標，就會替自己找出一個購買的理由，而且比業務員所說的還要多，所以，如果客戶能替自己建立起理由，那你的催眠就成功一半了；因此，我們要讓客戶把好處想夠，把痛苦想透，這樣他就會願意購買你的產品或服務。

　　業務員要完成銷售工作，就要為客戶做這樣的催眠，為客戶樹立新圖像，替他們描繪出一個美好的想像。而要讓客戶想好圖像，實質上就是建立一種意願，一旦一個人心中有圖像了，他就會自己

進行搜索，替自己建構出購買的決定。

　　對每個人來說，花錢都是一件痛苦的事情，所以拒絕自然就成了一種本能。但面對這種情況，我們該怎麼辦呢？很簡單，那就是將「不買某件東西的痛苦」建立起來，使之超過花錢的痛苦，在他們的傷口上灑鹽，痛快地撒、用力地撒，這樣他們自然願意接受你的催眠和引導。

　　催眠式銷售講白了，其實就是為客戶建立心中圖像的過程，再透過心理暗示，塑造出銷售情境，因為「追求快樂，逃避痛苦」是每個消費者購買產品的規律；因此，我們在為客戶建立新圖像時，一定要「把好處說夠，把痛苦說透」，這樣離成交就不遠了。

 ## 那到底該從何處催眠、何處深化？

　　該從何處催眠、何處深化？答案是觀念和想法。請想一想，成交後是誰掏錢？客戶為什麼要掏錢呢？那是因為他覺得你的產品或服務的價值，超過他所要付出的金錢。那麼，如果你銷售的產品或服務不符合顧客心中的想法，怎麼辦呢？那就改變顧客的觀念，讓顧客的想法或觀念被你說服、轉化！或者，配合顧客的觀念！

　　業務員在將產品特徵轉化為產品益處時，要考慮到客戶的需求，因為只有你的產品益處是客戶所需要的，才能引起客戶的購買欲望。只要潛在顧客的想法和觀念被你說服了，你就成交了。

　　所以，我們要仔細想想：「你的顧客為什麼要掏錢買你的產品或服務？」答案是因為你的產品或服務有價值，產品的價值大於他所要掏出來的錢，也就是你的產品／服務的價值，大於他所要支付

的價錢。顧客為什麼會願意支付 1,000 元來買，因為他認為他能得到或換到的會超過 1,000 元；所以，業務員要懂得塑造價值，為你的產品塑造價值，讓客戶認為他會得到超過 1,000 元的好處，這樣，他就願意付出 1,000 元來換取超過 1,000 元價值的東西。iPhone 為什麼一台可以賣三萬多元，那是因為 Apple 知道 iPhone 對客戶的價值遠遠超過那個價錢。

顧客重視的是價值與購買商品的理由，唯有價值才能影響客戶決定他「要不要買」，而不是你的這個產品本身有多大的用處或多強大的功能。

世界潛能激勵大師安東尼・羅賓（Anthony Robbins）說：「一個人所做的決定，不是追求快樂，就是逃離痛苦。」這個觀念可運用在銷售上。追求快樂是指客戶購買我的商品有什麼好處和價值，所以你要給客戶好處，讓客戶願意追求快樂；逃離痛苦是指購買我的商品可解決客戶某方面的痛苦，所以你要提醒客戶的痛苦，在傷口上灑鹽。因為人習慣花錢止痛，只有在非常痛苦的情況下，才會願意改變，而你提供的解決方案若能幫助客戶逃離痛苦、追求快樂，那你就能刺激他們想要擁有的念頭，想要立刻買下。

一般業務員都只會跟客戶說我的產品有什麼好處，說得又多又好，但卻不曉得說出不購買我的產品會有什麼樣的損失和遺憾；而這往往就是客戶為何無法立即做決定的關鍵點，因為現在買和以後再買的差別似乎不大，最多只是價格差異罷了。

你要先給客戶痛苦，再給客戶快樂。這順序很重要，因為如果先給客戶快樂，再給痛苦的話，那種層次落差感根本出不來，在深化的力道就會差那麼一點。

　　所以你一開始要先給客戶一點痛苦，再給一點快樂，然後又擴大痛苦，再擴大快樂，再給客戶更大的痛苦，給客戶更大的快樂，將逃離痛苦和追求快樂交叉運用，直到成交為止。

　　那麼，什麼是價值？我大學學的是經濟學，上的第一堂課是經濟學概論，教授問為什麼空氣、水對人們是那麼重要，卻賣不了什麼錢，而某名牌包卻可以賣八萬、十萬元以上？這就是價值的問題，以及買的人要不要買單，並不是你說這個東西多有用、多好、多重要，只要客戶不認同它的價值，對客戶而言它就不值錢。例如前文提到的，一瓶水可能在沙漠中價值很高，賣多高的價格，都會有人買單，但若是在市區，便利商店三兩步就一間，水的價值就很低。

　　人們買的不是東西，而是他們的期望。小姐、女士們購買化妝品，並不是要購買化妝品本身，而是要購買「變美的希望」。也就是說客戶購買及認定的價值並不是產品或服務本身，而是效用，是產品或服務為他帶來了什麼好處或利益。

　　顧客不是為了買早餐而買早餐，他們為的是吃飽、享受美食，更希望能吃得營養健康。所以，早餐店老闆就要思考，你的餐點是要提供給誰？一定要滿足目標客戶的需求，這樣你的早餐對目標客戶而言才有價值。像是那些重視養生的中年客戶，若你只賣油滋滋的美式漢堡就不行；如果你的目標客戶是趕著打卡的上班族，那你就必須在短時間內將他們的餐點做好。

　　所以，我們要幫助客戶創造這種價值與期待的利益，並把這種價值告訴顧客，說服並讓他認同你的產品價值，這就是你要銷給客戶的觀念或想法。價值是你給顧客的，而價格則是你向顧客收取的，當你把焦點聚焦在產品的價值上，除了能強化客戶購買的意願外，

還能有效降低價格上的疑慮，成功催眠對方成交。

　　產品的實用性、便利性、特色、設計和價格等固然是業務員銷售產品時，應該介紹的重點，但真正最具關鍵的，乃是能否引導客戶描繪出使用該產品所能產生的「願景」，因為客戶所購買的和他所關注的焦點大部分是價值，而不是價格。

　　他們想購買的是一種價值，一種期待的利益。所以你要讓客戶去想像買了這件產品或服務能帶給他什麼樣的好處或利益；讓客戶去想像使用這個產品後的改變，單靠用心介紹產品的特色不足以打動客戶的心，如果想要讓客戶點頭答應，就要讓客戶在心中產生憧憬與美夢，將此烙印在他們的潛意識之中。

　　例如，銷售保險時，讓客戶想像一下，擁有這張保單，二十年後每個月可以領到的錢，可以讓你的退休生活無後顧之憂，想像你和全家人一起出遊的情景，臉上的笑容，心境的閒適。所以客戶買的不是一張保單，而是一個不用再為錢煩惱的未來，一個能快樂享受生活的未來。

　　又好比說，銷售汽車時，讓客戶想像一下擁有這輛車之後，你可以載著你的愛人，那種和情人或全家人一起出遊的溫馨畫面，那種愛的表現；這台車就代表你的格調，代表你的身價，代表你事業的成就，朋友或客戶看到時那種信任和崇拜的眼神。所以客戶買的不是一台車，而是擁有這台車之後的那種幸福快樂和成就感，你看！這不就是喬·吉拉德（Joe Girard）慣用的方法嗎？

　　使客戶期盼的「夢」栩栩如生地呈現在客戶的眼前，讓客戶聯想到清晰的畫面，因為「夢」的擴大或縮小，往往就是客人取捨的關鍵。

　　當客戶還沒有得到商品時，他會想像使用商品後的改變。至於客戶會如何想像？那就需要我們去引導、暗示了，你給客戶的想像，能讓客戶確認價值，然後你再提出價格，只要價值遠大於價格，客戶就買單了。

3　嫌貨人才是買貨人

　　美國傑克遜州立大學劉安彥教授說：「探索與好奇，似乎是一般人的天性，對於神秘奧妙的事，往往是大家最關心的對象。」在銷售中，人們越來越重視產品能否客製化，都希望買到與眾不同的產品。所以，作為業務員，若想留住顧客，就要讓顧客感受到產品的特別之處，或具有某種特殊的義涵，用特色來勾起顧客的興趣和購買欲望，而這就需要我們運用催眠來加以實現。

　　在催眠式銷售的過程中，儘管我們致力於引導客戶，依然會有部分客戶出現異議，這是相當正常的現象，正如有人說「嫌貨才是買貨人」，那些對產品或價格有異議的人，往往才是你的準客戶。因此，在銷售前我們要事先揣測客戶可能產生的異議及原因，這樣我們才能在營造氛圍的過程中，直接先排除掉異議的發生。

　　馬先生是一名水果店老闆，每天的營業額都相當亮眼，這都是因為他十分懂經營。比如一開店，馬先生會先把外觀漂亮的水果挑出來，單獨放一堆，定價定得高一些；而那些賣相較差的水果，定價則較低一些。

　　某天，店裡來了一位難纏的顧客，大聲嚷嚷道：「你的水果也不怎麼樣啊，1斤還要賣40元？」這名客人拿起一顆蘋果仔細端詳起來，還敲了敲，就想看看這水果好不好。

　　「您放心，我的水果不能說是最好的，但絕對是這附近較好的，您若不信，可以和別家比較看看。」馬先生滿臉笑容地說。

　　顧客說：「太貴了，30元賣不賣？」

馬先生不急不徐地回：「先生，我要是 1 斤賣你 30 元的話，那之前買的人豈不是吃虧了嗎？況且我這已經很低了，附近幾間水果店賣得更貴，您可以去問問。」

不管顧客是什麼態度，馬先生始終保持著微笑，縱使客人認為水果太貴，最後還是被馬先生的態度折服，以 1 斤 40 元的價格買了好幾斤。

「嫌貨才是買貨人啊。」客人走後，馬先生感慨地說。

案例中，馬先生說的話很有道理「嫌貨才是買貨人」，而且，他始終保持良好的態度，以此催眠客戶，讓其心甘情願購買。有時異議是無法避免的，但催眠式銷售強調的就是製造銷售意境，若對方一開始就覺得厭惡，又該如何引導他走至你的劇本當中呢？因此，你從事催眠式銷售的第一步，即是與客戶打好關係，從對方的角度出發，才能弄清楚客戶異議或需求所在，再合理地讓客戶解決問題，獲得客戶的認同，對方自然會順著你的思維走，促成交易。

客戶產生異議，往往有很多原因，針對客戶的這些藉口，很多業務員往往束手無策，只好知難而退，放棄推銷。常見的異議有以下兩種。

1. 客戶總說你的產品不如競爭對手

這正是剛剛案例所發生的情景，的確，面對這種情況，尤其是對剛從事銷售行業的新手，會覺得棘手，因而知難而退，放棄說服工作；其實，大可不必這樣，業務員可以向客戶查核事實，採取相

對應的催眠，來解決這一誤會，或許你可以這樣回應：

「是嗎？很好呀，能從朋友那裡購買，肯定是信得過的產品，你們一定關係很不錯吧！」（稍微停頓一下）

對於這樣的回答，善於言論的客戶會從容應付過去，但並非每個人的反應都這麼快，一般會這樣說：「哦，對啊！好多年了！」或說：「你管太多了！我的朋友與你有什麼關係啊！」以此敷衍帶過，畢竟他們可能也只是亂說的。

這時你可以扳回局面，再主動開口說：「這個請您參考好嗎？」一邊拿出產品說明書、圖樣給他看，或一邊操作示範機器，勸導客戶買下來；但如果客戶一點兒也沒有改變心意的意思，那就要想辦法遊說或作個長期計畫，逐步進行推銷事宜。

2. 客戶對目前的供應商很滿意

當客戶說：「目前供應商的產品很好。」有些業務員會認為對方已有滿意的合作夥伴，根本無從突破，但現實真是如此嗎？客戶之所以會說滿意，那是因為他們沒有遇到更好或更便宜的廠商。所以，你可以試著提供樣品或嘗試性的訂單給對方，向客戶證明你的產品價值在哪裡？

當然，客戶會產生的異議有百百種，但你只要記住以下三項準則，對你解決問題有一定的幫助。

1. 具體問題分析

任何事情的發生都是有理由的，客戶拒絕業務員也一樣會有理由，即便是單純討厭你這個人，也能構成他拒絕的理由。因此，只要找出這一問題，業務員就能逐步解決銷售上的難題。

2. 讓客戶瞭解產品的優勢

遇到瓶頸時，業務員可以透過實際數據來催眠客戶：「張經理，您可能也知道，我們這個報紙在全國的發行量是相當大的，廣告的曝光率絕不會令您失望，所以費用自然會高一些，但如果您在其他小報上做廣告，這些小報合起來的發行量不僅不如我們，全部刊登費用加一加還可能高過我們，您說是吧？」有些客戶是眼見為憑的類型，十分固執，提供數據可強化我們的立場。

3. 強調產品能為對方帶來的利益

客戶購買產品，都是希望產品能替自己帶來方便或利益，因此，只要業務員懂得在這個方面多下功夫，客戶一般都會心動。

看到異議背後的關鍵點

在銷售的過程中，客戶或多或少會提出不同的異議，有時客戶會直接提出，這時業務員只要著眼於解決他所提出的疑問；但有時客戶說得較為含糊，業務員無法清楚得知問題點在哪，所以，業務

要具備較強的分析能力，切割客戶的語言，層層找出對方真正關心的問題，進而解決，展開良好的催眠開端。那遇到異議不明的客戶時，該如何準確切割，掌握客戶心理呢？

1. 放鬆情緒，認真傾聽

當客戶在與你交談時，即便不直接說出對產品的不滿，也多少會在言語中透露出內心的異議。因此，客戶所說的每句話都應該認真傾聽，且你認真聽的樣子，能在客戶心中留下好印象，讓彼此之間有良好的關係。有很多業務員會急於成交，而忽略這點，招致對方反感。

業務員想要瞭解、聽出更多客戶的心裡話，就要善於營造輕鬆的氣氛，全程以良好的態度因應，以輕鬆的情緒與對方進行深入溝通，且輕鬆的銷售氛圍，也較易於業務員建構催眠情境。

2. 仔細分析，謹慎回應

前面已提及，當客戶有異議時，業務員要對此做出客觀地分析，在溝通的過程中找出其擔心的問題，對客戶的異議進行切割。但異議中難免會有消極的情緒，所以業務員要盡量排除消極因素，在解決客戶異議時，一定要注意措辭是否恰當，語調溫和、態度坦誠、沉著，保持雙方銷售氣氛的和諧，必要時，還可以提供相關資料、數據展示，安定對方的心。

有時也會碰上一些無關緊要的異議，可以視情況避而不答，畢

竟有些客戶會為了提問而提問；但真正的異議就絕對要注意，盡量簡明扼要地回答，切不可拖泥帶水或答非所問，因而加深客戶的反感及對你的不信任。

3. 稍作停頓，友善回答

在回答客戶異議時，若你馬上做出回應，通常會讓客戶覺得你是在辯解，想掩飾產品的弱點……等。所以，業務員可以適時地停頓幾秒鐘，稍微斟酌一下客戶的話，就算對方的異議真的不嚴重，也要演給客戶看，稍微停頓一下再用平穩、和善的語調回應，使對方覺得你有認真在聆聽、思考他的問題。

4. 避開枝節，機智回應

客戶常會提出一些無關緊要的問題，明知故問或說一些容易引發爭論的問題等。對此，業務員要懂得取捨，盡量迴避那些可能破壞氣氛的問題，以確保兩者的關係能維持友好。

在銷售過程中，客戶經常會向業務員提出一些異議，使銷售過程變得非常困難。面對客戶的異議，不同的業務員有不同的反應和表現，有些業務員會認為客戶的異議是銷售的阻礙，有些業務員則認為那是成交的前奏，這兩種不同的心態導致我們對異議採取不同的解決方法，得到不同的結果。那些認為客戶異議阻礙了自己工作的業務員，只會對著客戶的異議心生不滿、抱怨連連；而那些將客戶異議視為成交前奏的業務員，則能積極面對客戶的異議，並尋找

方法及時化解，促進雙方交易的達成。

全球首位一年賣出十億美元保單的業務員喬‧康多夫曾說：「銷售有 98％ 是對人的瞭解，2％ 是對產品的瞭解。」所以說對人的瞭解決定 98％ 成交機率，成交的關鍵就在於「人」。很多時候，交易的達成並不是靠業務員詳盡的產品介紹，而在於業務員對客戶異議的解決。

業務員要明白，嫌貨絕對才是買貨人。賣賓士車的超級業務員陳進順指出，那些來賞車、對賓士讚不絕口的人，通常不是準客戶，什麼都說 Yes，最後一定是說 No。反倒是那些不斷嫌棄賓士沒有達到多少馬力或對內裝選配有意見的人，才是在為接下來的殺價做準備。所以，客戶提出異議並不代表不想買，他們提出的異議才往往是雙方達成交易的突破點。業務員必須在短時間內判斷對方喜歡、在意什麼，跟他聊什麼可以引發共鳴，從交談中洞悉他心裡真正的想法，只要化解了客戶的異議，與客戶達成交易就是自然而然的事情了。

而為了更有效地化解客戶的異議，促進交易的達成，業務員在面對客戶提出的異議時，要做到以下幾點：

1. 接受客戶的異議

客戶異議，是指在銷售過程中，對產品的不贊同，或是對業務員提出質疑、拒絕的言行，因而阻礙銷售的順利進行。所以，業務員在遇到客戶的異議時，都要盡最大的努力來幫客戶解決問題，化解這些異議，雖然並非每次都能取得滿意的結果；有時即使業務員

再努力，仍得不到客戶的認同，不能達成共識以完成交易，但我們依然要虛心接受。

2. 不與客戶發生爭執

在銷售中業務員與客戶時常意見不一致，還必須要面對客戶這樣、那樣的顧慮，因而讓有些業務員忍不住與客戶爭執起來，但身為敬業的業務員要具備「忍無可忍也要再忍」的素質，爭執是非常不明智的選擇。

業務員要記住自己的工作職責是將產品銷售出去，而不是在與客戶的爭論中贏得上風，無論你是對是錯，結果對你都是不利的，你不僅會失去一名客戶，還有可能給其他潛在客戶留下不好的印象。

在銷售過程中處於不利地位時，你要具備隨機應變的素質，但對業務員來說，隨機應變的前提不盡然是靈活的頭腦，主要是平和的心態。業務員只有在遇到問題時做到處變不驚、臨危不亂，才能找到最有效的解決辦法。

而在面對不利的情況時，要先靜下心去思考到底怎麼做才能扭轉局面，冷靜處理，讓自己的頭腦好好發揮，以利改變局面。在實際銷售的過程中，客戶提出的異議往往是各式各樣的，只有掌握一定的方法，並巧妙靈活地運用催眠技巧，才能有效化解客戶的異議，把客戶的購買意願變成購買行為。銷售的過程也是業務員處理客戶異議的過程，業務員要重視對客戶異議的處理，消除成交障礙，與客戶維持良好的關係，這樣整個催眠銷售才能順利進行。

運用分解法催眠，打住客戶排斥的念頭

銷售過程中，客戶提出異議是再正常不過的現象，對產品有異議，才會有購買動機，若對方完全沒有購買意願，那他大可不必費盡口舌地提出問題。因此，異議既是成交的障礙，也是成交的契機，一旦你為客戶消除了異議，離成交就不遠了。

而對於客戶的異議，我們可以採取「分解法」來進行催眠化解，所謂「分解異議」就是根據客戶的異議，避開問題的矛頭所在，轉換一下思維，讓對方明白異議是多餘的，從而達成交易。讓我們看個案例。

小林是某電器公司的業務員，有位客戶前來購買洗衣機，這位客戶對產品的功能、品質都十分認可，但他希望價格能再打個折扣。這時，小林告知客戶產品的折扣都是公司規定的，他真的無法這麼做。

客戶說：「你們的制度這麼死，不如別的商家靈活，產品還能賣得出去嗎？」

對此，小林給了肯定的回答：「這點您絕對不用擔心，我們家的產品就是靠品質來打響知名度的，並非透過銷量來打品牌。您不覺得一間公司若沒有嚴謹、穩定的制度，就無法製造出好的產品，更無法對消費者負責嗎？」

客戶：「你說得也對，那好吧。」

案例中，這位客戶被業務員的解釋折服了，小林運用「分解」

客戶的異議，讓客戶承認自己的異議並非大問題，進而成功催眠客戶、實現成交的目的，也在心中對該品牌及業務員留下好的印象。業務員消除客戶的異議，要根據異議的類型而定，這個過程，需要業務員採取相應的處理方式。

1. 是的→但是法

這種回答的方式就是先肯定後否定，先肯定客戶的異議，然後再加以解決，這是一種無形的否定。

2. 自曝其短法

業務員在察覺客戶可能提出某些異議前，可以先把問題指出來，主動消除客戶疑慮，更顯示了你那真誠的態度，給顧客一種誠實、可靠的印象，從而贏得客戶信任。但業務員在指出問題的時候，一定要懂得自圓其說，不要落得自己下不了台。

客戶產生問題時，要的只是一個圓滿的解釋，例如：「您現在擔憂電腦輻射的問題，但任何電腦都是有輻射的，所以我們額外附贈一套緩解的眼罩，讓您用完電腦後可以使用。」

3. 詢問法

從客戶的疑慮中找出問題的癥結，然後為客戶化解，但業務員對產品的各項知識要有很深的瞭解。

例如：一位客戶在商場選購東西，看到一個很漂亮的小刀，但

一看把柄是塑膠做的，便隨即放下了。銷售員走過來試探，客戶說道：「為什麼這把小刀的把柄要用塑膠，而不用金屬或木頭的呢？這肯定是為了省成本。」銷售員回答：「我能明白你的意思，但我們其實是為了便於使用而這樣設計。您想想，在使用小刀的時候，如果用一個金屬或木頭把柄，會增加一定的重量，是十分費力的。您看，這種塑膠很堅硬、安全可靠，既輕便價格又便宜，這不是很好嗎？」

4. 類比法

業務員在遇到客戶異議時，如果不好解決，可以試著轉移客戶的注意力，運用同等道理向客戶解釋原因，讓對方更容易理解。

例如客戶說：「人的臉上還是什麼都不擦比較好，用一堆保養品，皮膚都不能呼吸了。」業務員回答：「小姐，您知道為什麼其他部位的肌膚會比臉部更健康嗎？因為身體其他部位有衣服保護，但臉是直接暴露在外面，容易受到一些外界不良因子的侵襲，皮脂腺分泌出的油脂碰到空氣中的灰塵和污垢之後，就很容易阻塞毛孔，使皮膚產生黑色素、粉刺、過敏等。所以我們更應該做好臉部的保養及基本防護呀。」

總之，銷售過程中，無論客戶提出什麼樣的異議，只要業務員能掌握客戶的心理，並對症下藥，逐步引導和催眠，讓客戶收回自己的異議，並取得對方的好感，那實現成交就不難了。

4 客戶「嫌貴」時，該如何催眠化解？

可能是出於業務員的防禦心理，在銷售的過程中，無論業務員報出什麼樣的價格，也無法催眠客戶，讓客戶接納，他們總會有這樣的藉口：「太貴了。」、「別人比你賣得便宜。」這是所有業務員都會遇到的問題。

但有時價格明明已經很合理了，客戶仍「嫌貴」，因而困擾不少業務員，這時業務員切忌回答「買不買隨便你」、「你不識貨」或「一分錢，一分貨」之類的話。客戶永遠是上帝，無論對方購買與否，都不能用這樣的說辭，這種話就像一把利刃，容易傷害客戶的自尊心，甚至是激怒他們、引起矛盾，從而對銷售產生不利的影響。那面對客戶的價格異議，該如何催眠和化解呢？

一間網路通訊公司在一處新社區內推銷網路服務，許多剛入住的住戶都前來詢問。

客戶：「安裝網路要多少錢啊？」

業務員：「安裝費每戶 300 元，網路費則採年費方式，一年 18,000 元。」

客戶：「也太貴了吧！」

業務員：「聽起來確實有點貴，但您仔細想想，這價錢其實根本不貴，每天差不多 50 元，還無限制上網流量，非常划算。如果您覺得年費不合適，可以再看看季繳方案，每季費用 4,500 元，還有月繳方案，每月 1,500 元。」

客戶：「嗯，這還差不多。」

很明顯，這位業務員第一次的報價引起客戶的反彈，所以他轉換了報價方式，順利解決客戶對價格產生的異議，將昂貴的網路費用拆分成小單位，消除客戶對高價的排斥感，並適時提出另外兩種收費方式，讓客戶看到了實實在在的「便宜」；但價格其實並無差異，只是幫客戶分解單位時間的成本，讓對方感覺降低了價格。那客戶嫌貴，我們又該如何做呢？具體有以下幾種方法：

1. 婉轉否定法

面對客戶「嫌貴」，業務員切不可直接回絕客戶，否定對方的意見或指責他，這樣無異是把客戶推到門外。因此，無論是何種異議，我們都不能否定客戶，應該先認同對方的感受，獲得客戶的好感，讓客戶感覺你和他是同一陣營，然後再告訴他產品貴的原因，畢竟客戶也知道「一分價錢一分貨」的道理，但他購買的是價值，而非價格。

比如，業務員可以說：「的確，我們的產品可能貴了點，但……」讓客戶在心理上有個過度期，這樣比較容易接受，若客戶說出「你們的電器也太貴了吧！」我們看看下面兩種回答方式。

✓ 回覆一

業務員：「的確有點貴，很多前來選購的客戶也都這麼說，我自己也承認這一點，但客戶使用過後就不這麼說了。他們發現，這款電器品質非常好，每年不用花多少維修費，而且它的噪音很小，

完全不會被聲音干擾、影響。我相信您一定也會用得十分滿意。」

✓ 回覆二

業務員：「先生真有眼光，許多人都這樣認為，但之所以那麼貴，就是因為它的材質、品質、使用年限及售後服務都非常好。您可以試試，絕對不會讓您失望的。」

上面這兩個答覆，我們可以看出答覆一比答覆二好得多。答覆一，業務員先肯定了客戶的異議，安撫客戶的情緒，這樣客戶才會繼續聽我們聽下去；然後，業務員再把產品的優勢順勢推出去，讓客戶自然而然地接受我們的意見。

2. 分解價格法

案例中的業務員就是運用這種催眠方法，按照產品使用期限的不同來報價，這樣原本看上去比較高的價格被化解後就小多了，總金額雖然沒有改變，但卻讓人更易於接受。

3. 比較法

產品與產品之間打的不僅是價格戰，還有品質、性能等其他方面，當客戶告知你的產品比別家貴時，我們可以用比較法來突出產品的優勢，將同類產品進行優勢比較，突顯自家產品在品質、性能、聲譽、設計、服務等方面的優勢，讓客戶知道「貴有貴的理由」，

利用轉移法來化解客戶的價格異議。

人們常說：「不怕不識貨，就怕貨比貨」，在比較中，客戶一目了然，自然會選擇有價值的產品。

在某家具賣場裡，某顧客想購買進口傢俱，看上一套很尊貴的沙發。於是，銷售員小王走上前介紹，但顧客聽到價格後，覺得不甚滿意。

客戶：「你們比隔壁家貴多了。」

業務員：「您說得對，不一樣的東西，價位自然就不一樣了。先生，您過來看看，這款的材質絕對是頂級的，您看這打磨、拋光的技術，相當考究，再看看它的設計，簡約大方；且不僅美觀，最重要的是結實、耐用，這品質絕對一等一。」

客戶：「隔壁家的好像也差不多。」

業務員：「雖然風格有點相似，但這兩套絕對是不同的，我們是國外 XX 公司唯一授權的代理商，所有沙發都是由國外製作，海運來台；就像五星級飯店和三星級飯店一樣，他們的服務和舒適程度不同，價格自然也有所不同。」

這名業務員是有相當催眠技巧的，但實際銷售中，恐怕有許多業務員都會很不客氣地回敬：「一分價錢一分貨，你要是不滿意，那你就去他那兒買吧。」這絕對是銷售的大忌，無異於是要趕走客戶。

所以，我們要像例子中的業務員一樣，巧妙地突出自己的產品

優勢，但千萬不能貶低競爭對手，小肚雞腸的銷售方式會給客戶留下不良印象。如果你的產品是同行業中品質最好的，那麼你完全可以和對方說：「是的，我們的產品是比較貴，但賓士是進口車，賣豐田的車價實在很難呀，您說是嗎？」以此來說服對方。

對於那些存在附加成本的產品，我們也可以透過分析自己產品附加價值的優勢，讓客戶接受較高的報價。比如銷售汽車，我們就可以在維修、售後服務以及是否省油等方面入手，讓客戶看到產品的長遠價值，接受價格。

總之，在催眠式銷售中，對於客戶的價格異議，我們的催眠方法就是：價值要加起來說，價格要分開來說，這樣才能消除客戶的戒心和排斥感。與客戶溝通時，一定要胸有成竹，只有業務員對產品充滿自信，客戶才有可能對你的產品放心。

如何催眠讓客戶明白「一分價錢一分貨」

俗話說：「一分價錢一分貨。」這是毋庸置疑的真理，稍微一般的產品，在成本、做工等其他方面的投入也會少一些。但這不是每位客戶都能明白，每個人都只會關心自己的利益，任何一名客戶都希望買到價格便宜、品質又好的商品。

物美價廉，是客戶心中對商品最理想的形容詞，總希望業務員介紹那些品質好、價錢不高的商品，甚至抓住品質好的產品與業務員討價還價；且就算你阻止了對方的殺價，保住了商品價格底線，仍很有可能因此損失客戶，這是為什麼呢？如何才能在保住商品價格的同時，又促成交易呢？你要掌握一定的催眠技巧，確實讓對方

明白「一分價錢一分貨」的道理。

　　一名小姐來到手機通訊行買手機，可是轉了一圈都沒看到合適的，正打算離開時，她在其中一區停了下來，對著幾款手機看了起來。

　　業務員：「你的眼光真好，這幾款手機都是今年的新款，專為亮麗的女性設計。依我看，這款粉紅色的手機就很適合您。」

　　客戶：「是不錯，我也看上這款手機，不過這價錢太貴了。」

　　業務員：「您的眼力真不錯。我也認為這款手機是有點貴，但價格之所以較高，是因為它內建的功能相當多樣化，而且款式設計新穎，顏色也相當時尚、不落俗套，是一種品味和個性的表現，這個價格絕對是划算的。」

　　客戶：「這比別的手機要多出 3,000 元啊，差得也太多了。」

　　業務員：「可能是我沒有解釋清楚，這款手機不僅外觀吸引人，功能方面也是相當出色的，您看一下這個產品介紹，無論是日常使用還是遊戲娛樂，都非常好。您再看看這個鏡頭，外殼做了防護，不會受到一絲一毫的劃傷。」

　　客戶：「嗯，我真心喜歡，但價格實在太貴了。」

　　業務員：「這款手機價格的確是比其他型號高一些，但對您這樣的女孩來說，應該更注重新潮和時尚吧，而且這款手機的款式和顏色對您來說很合適，與您大方的氣質相得益彰，再合適不過了。」

　　客戶：「唉，真的不能便宜了嗎？」

　　業務員：「是的，小姐。而且這手機是限量版的呢，國內就幾十支，您以後想買的時候，很可能廠家就不生產了，若造成遺憾就

糟糕了。」

客戶：「是嗎？那我就買這款了。」

業務員所運用的催眠技巧，就是從產品的性價比著手，抓住問題的根本，快速地解決客戶的異議。記住，你要讓客戶購買的是產品的價值而非價格，只要客戶看到產品的價值，就能解決客戶心中的問題；反之，若解決不了關鍵問題，那銷售工作就很難順利進行，千萬不要糾結於對方不重視的點上，而錯失銷售機會。

對於那些嫌貴的顧客，如果不能讓其明白「一分價錢一分貨」的道理，那要成功催眠是很難的；因此，在與客戶探討價格時，業務員一定要讓他們明白道理。

我看過許多業務員都試圖解釋讓客戶明白，但有些卻適得其反，不僅沒有成功向客戶解釋清楚，還降低對方的購買意願，導致成交破局，這是為什麼？因為一般我們在說服客戶時，只曉得一味地強調產品品質，忘記要從催眠的角度出發，讓客戶認識到產品品質與價格的關係，因而導致客戶的流失。那業務員該如何催眠客戶，讓他明白「一分錢一分貨」的道理呢？

💡 1. 為顧客計算性價比

當今社會，人們在購買產品的時候，都會懂得考慮產品的性價比，但在評估的過程中，往往會因為對產品不是那麼瞭解，而對價格產生異議。

所以業務員要準確且及時地傳達商品相關資訊給客戶，讓對方

徹底瞭解商品品質，如此一來，他們就能一目了然地看到商品的品質與價錢之間的關係，消除原先對價格的質疑。

2. 用事實說話

俗話說，眼見為實、耳聽為虛。有時候，業務員費盡口舌，將產品的功能和優勢一一解說，但客戶卻不買單，反而撂下一句話：「老王賣瓜，自賣自誇，有誰不說自己的瓜甜？」但俗話說：「事實勝於雄辯。」再好的解說也比不上事實的力量，只要業務員用事實說話，那就不愁賣不出好產品，只要讓客戶多些實際體驗，從內心體會到產品的優越性，就能完全消除他們嫌貴的心理了。

3. 保持足夠的耐心

有些業務員會因為客戶對價格始終產生異議，因而產生放棄的念頭，這樣實在是很可惜，因為每放棄一位客戶，就等於失去成交的機會；客戶之所以會對產品產生價格異議，便說明他有購買意願，這樣你還捨得放棄成交機會嗎？永遠要記住，被拒絕只是尚未成交。

針對產品向客戶進行詳細的介紹和解釋是不可少的，如果客戶一再提出疑議，切不可因為急於成交，而降低價格或放棄客戶，你要拿出足夠的耐心，向對方說明價格與品質之間的關係。只要業務員擁有足夠的耐心，並輔以正確的溝通方法，那客戶就會明白「一分價錢一分貨」的道理。

價格談判中遇到僵局，透過催眠輕鬆化解

在催眠式銷售的過程中，我們發現，當客戶不願購買的時候，他們總會有各式各樣的理由來拒絕，諸如「考慮看看」、「和家人商量」、「只認名牌」等。誠然，這也許真的是顧客拒絕的真實原因，但絕大多數其實都是為了顧及業務員面子的藉口，聰明的業務員切不可被客戶的理由「蒙蔽」，也不可退縮和放棄，應該冷靜下來，積極尋找催眠策略，努力化解顧客的拒絕，留住顧客的腳步！

有時也常常會發生業務員和客戶在價格無法達成共識，因而導致談判僵局，若沒有妥善處理，那後續的銷售工作便無法順利進行，將以失敗收場，令業務員形成無比的壓力。若想解決這種壓力，你就要學會運用催眠技巧，用自己的熱情與智慧，打破僵局，盡快扭轉局面，這樣銷售工作才有可能取得成功。

業務員小陳前去拜訪一位王老闆，想向他們推銷新電腦，將舊有的電腦設備換新。小陳介紹完之後，王老闆表現出強烈的興趣，他確實有意想把公司的電腦汰舊換新，但價格兩方卻談不攏。

客戶：「不行，價格還是很高。嚴格說來，我們公司的電腦都還能用，若價格這麼高的話，那我們根本犯不著急著更換。」

業務員：「目前的電腦市場競爭非常激烈，給您的價格已經是最低的了，不能再降了。」

客戶：「我們需要 50 台電腦，但以你們的價格，我們只能買到一半的數量……」

（談判陷入了僵局）

業務員：「王先生喝杯茶吧，您要鐵觀音還是普洱？人家說茶葉是越陳越好，但像電腦這種高科技產品可不一樣。您覺得我們的產品有些貴，但我們的價格在市場上已是非常便宜了，您是行家，我沒必要和你繞彎子，你說呢？」

客戶：「每台至少再降 2,000 元。」

業務員：「我們每台單價真的已是流血價了，就算是合作多年的老客戶，我們也沒有辦法提供更多優惠了。但如果您真的想將公司的電腦一次換新，我就做個人情給你，每台再降 1,000 元，這筆費用我出！」

客戶：「好，那就這樣吧。」

雙方口中的價格差異非常大，以致業務員和客戶陷入僵局，此時，業務員的聰明之處，就是讓客戶肯定產品，讓生意能繼續談下去，這可是一種絕妙的催眠技巧。

因此，即使談判陷入僵局，只要銷售還能進行，業務員就務必要留住客戶，如果不肯讓步，說出「就這價，你不買算了」、「要不您上別家買去？」等態度堅決的話，那生意估計會失敗。所以，在發生談判僵持不下的時候，態度一定要保持友好，不能和客戶產生衝突，才能保證雙方在一個良好的氛圍下進行談判。

那在具體銷售過程中，如果遇到了談判僵局，應該透過哪些催眠方法來處理呢？

1. 把尊重放在第一位

尊重客戶是業務員最基本的要求，無論發生什麼，即使與客戶產生矛盾，業務員也要尊重對方；無論客戶表現出什麼樣的態度，始終要以微笑回饋，他們自然也就能感受到尊重，對你保持同等的尊重，這是緩解一切緊張氣氛的良藥。

2. 讓談判在和諧的氛圍下進行

除了微笑和禮貌以及尊重客戶，業務員還不能過於嚴肅、死板，在談話中適時製造一些幽默的話題，幽默絕對是打破沉默，緩解氣氛的最有效地潤滑劑，進而解決銷售實質性的問題。

且業務員製造幽默話題並非單純地講笑話，而是要和產品以及銷售掛鉤，不然銷售中的問題還是沒解決。因此，無論是談論客戶感興趣的話題、有意思的新聞，還是一個有趣的故事，你都要能將其連結到銷售工作的本質問題中，善於用幽默的方式表達自己的觀點，委婉地說服客戶，在打破僵局的同時，也一併推進。

3. 可適當讓步

當談判出現僵局時，最終的銷售能否取得成功，完全取決於業務員的做法。對於那些有關價格的具體問題，業務員可以與客戶耐心洽談，討論成敗與否的雙方得失，如果有必要，你也可以做出一定的讓步，進一步攻佔客戶的心。

4. 暫時停止談判

如果談判到了僵局，無法繼續商談下去，不妨暫時停止談判，與對方協商之後再定時間討論，這樣能給彼此充足的時間進行考慮。但在做出這一決定之前，你要確定客戶確實想跟你合作，否則，一但你表明要暫停談判，就是終止了對談，可能失去生意。

5. 更換談判者

銷售中，很多時候要想成功把產品推銷出去，需要銷售員彼此合作與幫助，但如果談判局面一再僵持，其中一名業務員就要考慮暫時退出交涉，改由另一人進行溝通，從而避免談判更嚴重僵化。

其實，價格談判就是一個相互妥協、相互退讓，最終實現共贏的過程，談判中出現僵局很正常。若遇到這種情況，不要膽怯，更不能逃避，你不但要勇敢面對，更要善於運用催眠技巧來營造輕鬆的談判氛圍，這樣才有利於銷售的展開。

掌握幾種應對客戶討價還價的催眠策略

在現實的銷售過程中，價格始終是業務員和顧客無法避免的棘手問題，一定會經過討價還價的階段，而這一過程中，業務員一定要靈活應對，掌握客戶「不虧老本、不失市場、不丟客戶」的心態，且除了掌握幾種應對客戶討價還價的催眠策略外，還要練就和客戶達成協議後，馬上簽訂協定將其「套牢」的即戰力，不給對方一絲

的反悔和變卦的機會。

每到年底，各大百貨公司相繼推出週年慶活動，XX 百貨也不例外，特地為這檔期規劃了諸多優惠活動，凡消費滿一定金額的顧客，都能獲得高級贈品「XX 牌頂級電鍋」，就是要讓消費者成為最大的贏家。

在某一櫃位前，一位老太太對著銷售員小王說：「我可不可以不要換頂級電鍋，你們把贈品折成現金優惠給我，可以嗎？」

小王是新來的銷售員，一時不知道該怎麼回答，前輩又剛好在服務另一組客人，只好對老太太說：「不行呀，這是公司活動，我不能隨意更改，還是您要看看較低價位的產品呢？」

老太太馬上拉下臉離開，留小王一人呆站著，還搞不清楚狀況。

想有效地規避客戶的討價還價，就要發揮靈機應變的能力，遇到不同的客戶，便給予不同的催眠方法加以解決；而這涉及到客戶的分類、報價的方式、時間、地點的選擇等一系列的問題。

一般來說，在價格問題上，客戶會有以下四種異議，針對這四種異議，可以找出不同的催眠應對策略。

1. 客戶始終認為優惠不到位

這類的客戶，一般對產品並不瞭解，他們在砍價的時候，通常都是漫無目的、不著邊際的，對於這類客戶，業務員可以在報價的時候就先報高一點，這樣才能給自己預留足夠的價格空間，來應付

客戶的砍價。但即便擁有空間，你也不能讓對方一次砍太多，要慢慢地讓步，讓客戶覺得一直受到你的優惠，且讓步時你要面有難色，將效果做出來。

業務員在面對這類客戶的時候，要做好與之打持久戰的準備，因為，這類客戶一般不會輕易付錢，他一定要確實占夠便宜，才會鳴金收兵。所以，業務員絕對不能大幅度地讓步，因為人都有一種心理，越是不容易得到的東西越是珍惜；如果你輕易讓步，會讓客戶覺得有議價空間，甚至懷疑你那價格的真實性，致使你在談判中失去主動地位，助長客戶砍價的「氣焰」。

2. 贈品是次要的，只要降價

這類客戶是實在型的，面對這樣的客戶，你不妨和他說：「按照一般原則和商場規定，我們這裡不允許這樣的情況出現，但您稍等一下，我看能否幫你問看看經理，給您一個特例。」

這樣，即便結果和客戶原先想得不一樣，他一樣會感激你，因為他看到你為他所做的努力，自然會拿著禮品，買下了產品。

3. 產品存在瑕疵，應當降價

這類客戶較喜歡吹毛求疵，無論產品本身是否存在問題，他都會找出問題，然後借機殺價，即使業務員做出讓步，他還是不罷手，緊緊抓住產品的弱點，盡其所能地殺價。對於這種客戶，業務員不妨把自己的產品與同類產品做比較，或採用其他方式來淡化缺陷，

讓客戶明白你的產品在同類產品中的優勢，或是讓客戶忽略這點小
瑕疵。

4. 認為老客戶就應當享受優惠

這類客戶是貪小便宜的，通常情況下，他們都會以自己是老客
戶為由「倚老賣老」，他們這麼做無非是出於兩個目的，一是真心
想購買，但希望透過這種方式獲得價格優惠，二來就是根本不誠心
購買，只是為了探探價格虛實。

這時你就可以告訴他：「我也想為您效勞，但這是商場規定，
對其他消費者不公平，您說是嗎？」你也可以藉此機會，幫自己拉
攏到更多的客戶：「哦，這樣啊，我們商場今天有個活動，就是同
行的兩人或二人　起購買的話，能享有八折優惠……」真正想買的
消費者會立即被這樣的優惠「誘惑」，成為我們的客戶之一。

5 別家有相同商品，但我的真的比較好！

　　人們在購物時，都希望商品物美價廉，以最低的價格買到最滿意的產品，因此抱著「貨比三家不吃虧」的心理，在同類產品中進行價格、價值……等比較，導致業務員經常遇到這種情況：「別家同樣的商品比你們便宜很多耶。」有些業務員會為自己和產品辯護，當即反駁客戶：「怎麼會一樣呢，一分錢一分貨，我們的產品可能貴，但品質絕對是一等一的。」有些甚至會詆毀競爭對手：「他們怎麼能和我們比呢？」非但得不到顧客，還讓客戶對你產生懷疑、不信任感，進而影響公司的形象，「堅定」了顧客離開的念頭。

　　這種情況下，與其不斷辯解、反駁客戶，倒不如透過催眠來軟化對方，那該怎麼做呢？我們先來看看下面的銷售案例：

　　一天，一位年輕的小姐在電器商場閒逛著，看了半天後，停在一款冰箱前面。銷售員看到了，便上前招呼道：「小姐，請問有什麼可以為您服務的嗎？」

　　顧客：「聽說，這款冰箱的評價不錯。」

　　銷售員：「是的，您也打算買冰箱嗎？」

　　顧客：「我隨便看看。」

　　銷售員：「哦，那您要不要看看另外這款冰箱，剛從國外到貨，無論是家居還是商用都很方便。」

　　顧客：「進口的？那一定很貴吧？」

　　銷售員：「這是德國 XX 品牌，有一定的口碑，售價23,000元。」

　　顧客：「這麼貴，類似的冰箱一般不都 17,000 元左右，我剛剛

也看了現場其他幾款，最高也沒超過 20,000 元的。」

銷售員：「那些品質怎能和國際品牌相比呢？一分錢一分貨。」顧客聽到這句話之後，頭也不回地離開了。

案例中，我們可以看出這位顧客對原先看中的冰箱很感興趣，但最後卻選擇離開，這是為什麼？原因很簡單，因為顧客認為產品較貴時，銷售員不但沒有挽留，反倒說：「那些品質怎能和國際品牌相比呢？一分錢一分貨。」因而令對方聽了不舒服，不僅否定了顧客的眼光，還貶低了競爭對手的產品，讓顧客覺得銷售員的素質不佳而離開。

任何一位顧客在購買產品的時候，都會先從價格上進行比較，若我們採取消極回應，只會讓顧客放棄購買。那面對這種情況時，該如何應付呢？

1. 保持良好的服務態度，給「貴」一個合理的解釋

其實，只要價格高於客戶預設的價格，他們都會認為貴，因此，他們更希望得到一個產品「貴」的合理解釋，「一分錢一分貨」的道理誰不明白，但如果我們和案例中的業務員一樣表達的話，則表現出業務員對競爭對手的不屑及詆毀，顧客不但不會購買，還會對你的印象大打折扣。

所以，我們一定要注意自己的態度，為自己的產品做好解釋工作外，也要正面認可競爭者的產品，讓顧客看到你的專業素質，使他們在「魚」與「熊掌」間做出明智的抉擇。

2. 不要詆毀競爭對手

一般情況下，在聽到客戶抱怨產品比其他貴的時候，業務員都會本能地為自家產品辯護，有些情緒易激動的業務員，甚至會詆毀競爭產品，認為這樣能改變客戶的看法，轉而購買，但這樣回應其實適得其反。因為客戶自己也是有判斷力和鑑別力的，這種目的性和攻擊性過強的答覆，不僅難以吸引注意，反而會使顧客對你產生厭煩情緒，想要轉身離開。

所以，無論客戶再怎麼不喜歡我們的產品，我們都不能詆毀其他品牌；當然，我們在向客戶介紹產品的賣點時，可以適當指出其他產品的不足之處、互相比較，但要注意分寸，不要有針對性。

3. 運用催眠技巧，引導客戶正確看待價格差異

如果客戶指出「別家有同樣商品比你家便宜很多」的情況屬實的話，那我們千萬不要直接給予否定的答案，要從產品的優勢，比如功能、外觀、獨家技術……等方面來闡述，引導客戶瞭解為何會產生價格差別。

讓顧客自己感受到一分價錢一分貨，認為產品的利益會遠大於金額，而不是我們業務員單方面的說詞，他們就不會再斤斤計較。

當然，要遊刃有餘地催眠，讓客戶妥協價格差異的問題，我們不僅要對自家產品有專業的認識和把握，還要充分瞭解競爭對手的產品和銷售情況，當你充分瞭解競爭對手的銷售情況及弱點後，才能在爭奪顧客時，抓住銷售機會。

巧妙計算，催眠客戶讓他感覺物超所值

現今科技日新月異，各式各樣的產品推陳出新，千奇百怪的應有盡有，一旦被潛在客戶發現，很容易就獲得認同，也正因為如此，很容易讓客戶感到物超所值。

要想讓客戶認同、接受，購買你的產品，除了在產品品質、性能、功能等技術指標、品質參數必須符合滿足客戶的心理預期外，業務員在推銷的時候，更要下足功夫，要從如何「降低」客戶的投入感（付出成本）和如何「提升」客戶的收益感（獲得收益）這兩方面入手，進行催眠引導。

業務員：「李主任，我想您最苦惱的工作就是對帳吧？不僅量多又複雜。」

客戶：「你真是說到我心坎裡，我最苦惱的就是每個月的對帳。你知道，我們公司是超市和生產商之間的中間商，所以，我們要先和超市、賣場的財務部門對帳，然後再和各廠商的業務代表對帳，且為了避免月底要做其他公司帳忙不過來，所以我每天都要稍微盤點一下金額跟數量。

業務員：「我非常能體會您的心情，因為我之前曾為一間大型超市供應牛奶，雖然也就配合五家店，但光這五間店我就忙得不可開交，每天要花好幾個小時做報表和帳單，然後還要核實、對帳等，您每天花的時間，肯定比我多。」

客戶：「哎，真是上班時間都用在對帳上了。」

業務員：「就是呀，所以我今天特別過來跟您推銷一套軟體，

它已內建設定好表格及計算公式，能大大加快作業速度。您想原先對帳就要費多少小時，每到月底結帳時還不知要加班到幾點，現在只要 18,000 元，您月底就能準時下班了，您看這款軟體真是佛心來的。」

客戶：「真的這麼方便？那這軟體……」

案例中，催眠客戶的技巧是先和客戶套好關係，表示對客戶的理解，從而拉近與客戶之間的關係，然後再告訴他有一套軟體能解決原先費時的問題，你想他還會不心動嗎？畢竟，他已對那些成堆的財務帳單感到頭皮發麻，買下之後就能一勞永逸，那絕對是物超所值呀！

而若要讓客戶感到物超所值，你可以試著透過以下兩點。

1. 「降低」客戶的投入感，來催眠客戶

這裡的「降低」並非真的要降價或其他實質性的讓步，而是感覺上的一種變化，業務員透過一些手法，讓客戶感覺自己付出減少，好像是由業務做出讓步一樣。

✓ 幫客戶做「除法」

「除法」指的是將客戶在產品上的投入，分成小等份的技巧，具體到每個員工，每個部門，甚至是每段時間上。比如某公司要購買一些產品發表會上用的精緻糕點，預計有一百位媒體出席，所以設為一萬元，費用聽起來不少，但如果將它平均分配到一百人身上時，其實每個人也才出 100 元，單位價格會低很多。

✓ 幫客戶做「減法」

現在的消費者除了關注產品本身的價值外，也很注重產品的附加價值，所以，業務員在銷售產品時，不妨多從這裡花心思，例如免費升級、免費安裝、加送贈品、延長保修、終身維護……等。且附加價值最好要能夠量化，這樣客戶才能明白自己獲得的好處有多少。

舉例，電視購物曾很流行一種行銷方式，如：「原價 16,800 元的手機，現在只要 10,000 元，還額外贈送價值 800 元的無線藍牙耳機及價值 100 元的記憶卡，然後再加送價值 600 元的原廠手機殼；僅需要付出 499 元，你就可以輕鬆擁有這部手機……」消費者一聽，自然會認為買手機的錢不貴，也就很樂意購買。

2. 透過「提升」收益的感覺，來催眠客戶

與以上做法相對的，就是「提升」客戶的收益感覺，讓客戶做「乘法」和「加法」。

✓ 幫客戶做「乘法」

類似於剛剛提到的在傷口上撒鹽，如果客戶存在一些問題並找理由時，找出客戶在不購買產品會遇到的問題和麻煩，並將這種問題和麻煩乘以數倍放大，這樣，客戶就會感受到問題的嚴重性，努力尋找解決之道，你的建議就較容易被他所接受。

✓ 讓客戶做「加法」

將那些可以給客戶帶來的直觀利益累加在一起，讓客戶有「划算」的感覺。

沒有人願意購買品質低劣又毫無用處的商品，所以客戶在購買產品時，要讓對方相信產品對他有益，因此，業務員要掌握一定的說服技巧，打消客戶的疑慮及異議，讓他們相信購買產品後能得到的利益絕對是物超所值。

將產品的好處連接上客戶的需求

對於客戶來說，他們購買的只是產品帶給他們的利益和好處，產品要能滿足他們的需求，才會引起他們的興趣。所以，在清楚客戶的興趣點之後，業務員要針對客戶的關注點來介紹產品，讓他們認同產品。

介紹產品時，業務員要明確告知產品的絕對優勢是什麼，針對客戶的實際需求，將產品優勢與客戶利益聯繫起來，強調產品能給客戶帶來哪些利益，提起客戶的注意和興趣，使客戶被利益吸引，產生購買欲望。

每條魚都有它想吃的釣餌，每位客戶也都有他想要的商品，成功銷售的重點，並不在於你銷售的商品是什麼，而是客戶能否因為購買它而獲得「好處」。換言之，你必須從客戶的利益與需求出發，發掘商品對客戶的好處與用處，刺激客戶潛在的購買欲望。客戶的消費行為背後都隱藏著複雜的購買決策，他會考慮要購買什麼、預

算多少、以何種方式購買、商品使用是否便利、購買感覺是否良好等等，而如何刺激客戶的潛在購買欲，則是成功銷售的一項祕訣。

由於消費心理可以透過外部的誘導和刺激加以增強，因此除了細心聆聽客戶的需求外，要從交談中推敲客戶購買的動機，掌握可能的消費心理，才能順應客戶的期望，有效地結合商品賣點，提升成交的機率。一般來說，客戶的消費心理主要可分為以下幾種：

1. 追求物美價廉的心理

客戶都希望付出最少的金錢，換取最大的商品效用與使用價值，所以，在追求物美價廉的心理作用下，客戶不僅對商品價格的反應十分敏感，也善於利用各種管道比較同類商品的價格與品質，以期在購買前就能充分掌握市場資訊。值得留意的是，縱然物美價廉的商品受到歡迎，但價格低於市場行情過多時，有時也會造成消費者對商品的警戒與質疑。

2. 追求新奇先進的心理

在生活消費模式中，當市場出現新穎、先進的商品時，追求新奇、使用先進商品的消費心理，會促使客戶嘗試購買新商品，即便價格偏高、使用或附加價值較低，也不容易減低他們的購買意願；而陳舊、落後、過時的商品，就算價格低廉、品質不錯，也未必能吸引他們的注意，尤其對年輕族群而言，追求新奇先進的心理使他們成為跟隨市場潮流的購買者。因此，在銷售過程中，適時地提供符合市場需求的訊息或符號，能有效卸下客戶的心防，在進行銷售

時也會比較容易。

3. 追求實用價值的心理

絕大部分的客戶在從事消費行為時，主要精力會花費於民生必需品上，因此在購買食、衣、住、行的相關生活必需品時，他們首先考量的未必是價格，而是商品能否滿足實際需要？又是否符合生活模式？他們著重於商品的實用價值與使用效果。當然，在挑選時仍會考慮價格，但以實用性為優先。

4. 追求快速便利的心理

洗衣機、數位相機、自動洗碗機、微波爐、傳真機等商品的出現，大大滿足了現代人追求方便、快速的生活需求，隨著科技的發展，人們對於能為家庭生活、工作環境帶來便利的商品也更趨之若鶩。當客戶抱持快速便利的心理時，他們會優先考量商品的操作使用是否簡單？能否有效節省大量時間？也要求商品有完善的售後服務，因為萬一商品出現了狀況，他們會希望在第一時間內就有人立即著手解決問題。

5. 追求安全保障的心理

客戶追求安全保障的心理，經常表現在家用電器、藥品、衛生保健用品、醫療保險、居家保全等商品的選購上。追求安全保障的心理有兩種涵意：獲取安全、避免可能性的危害，在這種心理的趨

使下，客戶購買商品或服務時，會考量商品是否會損害個人身心健康？會不會危害到親友或他人的性命安全？同時，也會考量購買商品能否帶來生活的保障？能否降低生活中的可能危害？無論是有形的商品或無形的服務，只要能提供最大限度的安全保障，他們並不介意以較高的價格購買，甚至樂意長期為此投資。

6. 追求自尊與社會認同的心理

心理學家馬斯洛（Abraham Maslow）曾提出人類的五個需求層次，依序為生理需求、安全需求、歸屬（社會）需求、尊重（自尊）需求、自我實現需求；而消費心理也是一樣的，當客戶的生理需求獲得滿足後，就會轉而提高其他層次的消費需求，並期望自己的消費獲得外界的認同和尊重。因此，客戶在購買商品時，思考的是商品所帶來的附加價值，以及商品品牌所訴求的「社會形象」，例如它能否彰顯品牌的外在形象、社經地位？它能否凸顯個人品味？能否因為擁有它而獲得尊重與認同？換言之，他們希望自己的成就、社會定位或個人品味，可以藉由某種商品、某種消費形式予以表現，因而對商品的品牌形象、商品的市場定位也較為敏感。

7. 追求美好的心理

美好的事物人人喜歡，無論是裝扮自己或美化外在環境，都能帶給人們滿足感與愉悅感，儘管每個人對「美好」都有主觀判斷，但隨著時日推移、市場潮流的改變，時下流行的審美觀念很容易左

右多數客戶的想法。當客戶抱持追求美好的消費心理時，他們不僅會判斷商品是否美觀，也會觀察它是否符合潮流之美，對於商品所呈現的質感也甚為注重，尤其年輕的客戶更會講求「時髦感」。

值得一提的是，有時客戶會為了與多數人產生「區別之美」，或引起人們的強烈注意，而產生獵奇心理，也就是他們會追求有別於大眾市場的美好，較偏愛風格獨特、造型奇美的商品。

以上消費心理，只要我們加以掌握，就能結合商品的銷售賣點制訂出相應的催眠策略。當你與客戶面對面時，你必須清楚告訴他購買商品的「好處」，而這些好處必然根源於商品的特點，儘管商品介紹手冊上集結了商品特點，例如商品的功能、規格、成分、操作方式等等，你仍應該讓每項特點都能獨立成為符合客戶期待的「商品好處」。

在向客戶展示產品好處時，你也可以套用一些句子，使自己的表達既省時省力又能符合客戶的興趣點。如：「使用我們的產品能使您成為……」、「使用這款產品可以減少您的……」、「我們的產品減少（或增強）了您的……」、「這款產品可以滿足您的……」業務員要靈活運用以上語句，突出產品的優勢，讓客戶感受到自己能從中獲得利益，同時還要結合真實狀況，不要過分誇大產品的優點，才不會讓客戶對你及產品留下虛偽的壞印象。

Chapter **5**

催眠式銷售 Step 3：
提供證據，把客戶的擔心轉化為購買的理由

1 察言觀色，找出對方憂慮點

　　相信在催眠式銷售的過程中，有很多業務員會反映：「為什麼我總是摸不透客戶在想什麼呢？客戶為什麼就是不購買呢？」的確，若業務員無法摸清客戶的想法，就無法催眠和打動客戶，之所以這樣是因為業務員普遍都忽視一點：只將目光盯在欲推銷的產品上。有無數的事實都能證明，這樣方式是錯誤的，身為業務員，你若想成功掌握催眠式銷售的精髓，就要善於察言觀色，找到客戶的顧慮點，並加以解決，才能成功實現成交。

　　一天上午，某汽車展示中心走進一位打扮不入時的先生，業務員對他上下打量了一番，招呼道：「先生您好，我是業務員陳玲，很高興為您服務。」陳玲怕打擾顧客看車，做完自我介紹後，便在一旁等候，並未出聲。

　　就這樣，這位先生一個人在店內轉悠，一會兒說這輛車太貴，一會兒又說那輛的款式不好看，之後又跟陳玲說：「我今天只是隨便看看，沒有帶現金。」

　　「沒關係的，先生。其實我也好幾次出門都忘了帶錢在身上，您儘量看，有什麼問題可以問我。」

　　「好，謝謝你。」這位先生講完後，陳玲發現他有種脫離困境、如釋重負的感覺，心想：他是真的沒帶錢，還是沒能力購買呢？所以，她決定大膽試探一下對方的想法。

　　「先生，有看到喜歡的車嗎？」

　　「那輛休旅車不錯。」

「您的眼光真不錯，這輛車最近賣得很好。」

「是嗎？那能分期付款嗎？」聽到這句，陳玲便明白，原來他擔心的是價格和付款方式。

陳玲回道：「當然可以，若您喜歡，現在就可以簽約。」接著，陳玲又說：「就在這兒簽名。」等他簽完後，陳玲再次強調：「我對您的印象很好，我相信您不會讓我失望的。」

而這位先生確實沒有令她失望，第二天，他便來付頭期款，開開心心等交車了。

陳玲之所以能將這輛車賣出去，是因為她那專業的素養、態度，成功催眠客戶。她和其他業務員不同，即便是打扮不入時的客戶，她還是熱情招呼；而且，最可貴的是，她敢於主動試探顧客，讓客戶道出心中的顧慮——分期付款。

的確，客戶的購買能力是決定業務能否成交的關鍵因素之一，若對方的經濟能力不足，就算他的意願再強烈，也無法購買。當然，除了購買能力外，顧客的顧慮不只如此，比如客戶的需求、信用狀況……等，都會有所影響。那我們該如何探出客戶的顧慮，並催眠其購買呢？

1. 善於觀察客戶的一舉一動

在面對客戶時，業務員要善於觀察客戶的一舉一動，從中瞭解客戶的身分、收入水平和購買商品的意願，透過這些綜合分析，猜測出客戶的顧慮。

2. 積極發問

猜測到客戶可能存在某些疑慮後，你可以透過主動發問，來確定自己的疑慮，只有這樣才能抓住時機，然後步步深入，逐步打消客戶的顧慮。

但與客戶初次溝通的時候，對方通常會出於防備心理，而有意隱瞞自己的想法，比如自己的喜好、購買能力及真實需求……等，但這些都是成功銷售必要的資訊；因此，我們在提問探明這些資訊的時候，最好以探問的方式，否則容易讓對方產生反感，拒絕你的推銷。

3. 認同顧客顧慮的合理性

如果我們能認同顧客的顧慮，表達同理心，能讓顧客覺得你在為他設想，這樣你就能獲得顧客的好感，拉近彼此間的距離，為接下來的說服工作奠定基礎。

總之，業務員與潛在客戶溝通的時候，要善於觀察、巧妙探尋、積極提問，便能從中找到隱藏在客戶心中資訊和顧慮，起到催眠效果。當然，我們一定要注意自己的言行，若太過直接、明朗都會引起客戶的負面情緒！

在客戶疑慮前，先給顆定心丸

在銷售過程中，客戶總存著一些疑慮，因而阻礙成交，但這也

是有原因的，因為有些業務員會為了盡善盡美地展現自己的產品，報喜不報憂，把產品吹噓地趨於完美，甚至是刻意隱瞞產品、服務的缺陷，或是交貨日期明明要一個月，你卻說只要二十天……你這樣說，非但不會取得客戶的信任，更可能讓他對你產生疑慮，造成銷售的阻礙，因為客戶遲早會發現你的伎倆。所以，如果我們能運用催眠技巧，事先預防客戶的疑慮，就能免除很多問題，主動暴露些無關緊要的小缺點，或主動提出客戶的疑慮，事先給客戶吃一顆定心丸，從而對我們產生信任。

小齊是空調設備業務員。一次，他要將一批設備推銷給某飯店，客戶對他的產品很感興趣，但最後並沒有成交。小齊知道問題出在了價格，於是主動提出：「王總，我明白，可能您覺得我們的產品較貴，這一點我也承認，但您也知道我們的設備最大的優點就是節能環保，這是其他品牌做不到的，也因此能為貴酒店節省更多成本呀……」小齊說完後，客戶連連點頭，最後順利簽了約。

這則銷售案例中，小齊很聰明，他在客戶提出價格異議前，主動告訴客戶產品「貴」的原因，事先打消客戶「會吃虧」的疑慮，進而選擇購買。

而實際銷售中，很多業務員認為：關於產品，客戶知道的越少越好，甚至認為扭曲一下事實是「聰明」的表現，想藉機施展自己的好口才，殊不知，客戶遲早會發現問題，一旦他們發現，對我們的信任感也徹底丟光，不願意再與你接觸。

所以，我們要明白：誠信是與客戶維持友好關係的根本，只有

以誠實的態度和懇切的心情去與客戶打交道，才能擁有更多客戶，銷售工作才能更好地進行下去。那我們在面對客戶疑慮時，該如何催眠客戶、給客戶吃下定心丸呢？

1. 讓客戶主動說「是」，承認我們產品的優點

銷售過程中，最好的催眠技巧無非是讓客戶自己認可產品、服務，讓客戶在拒絕之前先說「是」，有效將客戶的拒絕遏制住。當然，業務員在讓客戶肯定銷售時，必須要有十足的把握、萬全的準備，不能讓客戶抓住把柄。

2. 自曝其短，主動說出小問題

任何一個客戶都明白，沒有產品是完美無缺的，如果我們只一味地講述產品優勢，而掩蓋產品的不足，可能會引起客戶的疑慮，甚至是反感，所以，有時「不打自招」反而能打消客戶的疑慮。

但我們要注意，態度一定要真誠，讓客戶感受到你的誠懇，替產品的整體印象加分。例如某些技術型產品的外觀不是特別好，如果你先提出，反而能讓那些理智型或挑剔型的客戶，對你產生好感，這樣後續的溝通會更順暢。

3. 巧妙地告訴客戶真相

告訴客戶產品的真實情況，並不是將產品的問題都羅列在客戶面前，如果你冒冒失失地將產品缺陷都告訴客戶，他們可能會因為

無法認同而放棄購買。所以，業務員一定要掌握說話的藝術，這樣不僅贏得客戶的信賴，還能更有效地催眠客戶，使客戶對產品更滿意。比如，你可以轉移話題，告訴對方產品的其他優點，許多時候，只要誠懇地解釋清楚，客戶不但不會產生異議，反倒會被打動。

催眠式銷售，就是要讓客戶產生好感，因而走入你的催眠情境之中，所以，不妨給客戶吃顆定心丸，主動告訴對方產品的真實情況，贏得客戶的信任，防止他們的顧慮過多。

利用比較心態，說出自己產品的不同之處

在銷售的過程中，客戶難免會有一些回饋意見，但有時候我們會發現，客戶總覺得我們的產品不夠好，讓很多業務員相當頭疼，但客戶的意見絕不能輕視，更不能心存芥蒂。俗話說得好，對你的產品沒想法、沒意見的人，往往是走馬看花的看客；客戶之所以會有意見或想法，是因為他們有意願購買，但對產品沒有全面的瞭解，因而發問。所以，只要業務員善於對比，以此催眠客戶，自然能消除客戶的疑慮。

客戶：「你們的產品是不錯，但我還是覺得 M 公司比較符合我們的要求，而且他們的價格比你們要低得多……」

業務員：「的確，那家公司的產品價格比較低、設備也不錯，但我們的產品絕對更適合貴司。首先，每年的維修費都是一筆龐大的開支，所以產品的使用年限應該才是貴公司要考慮的關鍵，且我

們公司的產品剛好能與貴公司的舊設備共同作業，對整個生產流程絕對是更有效率。您覺得呢？」

客戶：「嗯，你說得也有道理。但你們的價格與別家差太多了，且他們的設備品質其實也是不錯的。」

業務員：「他們的品質確實不錯，但請你看看我們公司機器的故障調查報告，我們的設備故障率只有 1.2％，不知道對方是否能提出這樣一份故障調查報告呢？據我所知，他們的故障率大概在 5％ 左右，雖然也很低，但相較之下，貴廠卻有可能為此多付幾萬塊維修費。」

運用對比的催眠方法，讓客戶看出產品的優勢，在綜合評估後做出最正確的選擇，世上沒有完全相同的兩片葉子，所以各家產品都有優劣之分。因此，在催眠式銷售的過程中，銷售員若能運用比較法，突出產品的特點和優勢，對催眠過程有很大的幫助。

對比的方式有很多種，一般來說有橫向對比、縱向對比、同類產品對比、不同類產品對比等幾種方法，而最常見的方式是向客戶對比不同種類產品的優勢，或跟競爭對手的產品做比較。當然，你也可以透過對比產品的性能、服務等進行比較，但無論是運用何種對比方法，其實都在傳遞一個資訊──產品的優勢。透過比較讓客戶找到最滿意、最適合的產品，從而加深客戶的購買欲。

1. 價格對比

這種對比方法，是催眠式銷售中最常見的，將自家產品與同類

產品的價格進行比較，讓客戶明顯感覺便宜，但運用這一策略時，我們需要注意幾點。

　✓ 業務員手中至少要掌握一種較高價格的同類產品，當然，掌握越多越好，這樣才有比較性。

　✓ 對自己的產品要有信心。當客戶在提出意見或批評時，你要耐心傾聽，避免直接反駁對方說的話，相信自己的產品，等客戶批評完後，再予以解釋、巧用價格比較。很多銷售員一聽到客戶抱怨產品，便按耐不住心中的怒火，和客戶理論起來，這是大忌。

　✓ 掌握客戶心理，讓客戶自己在內心比較。業務員在比較價格的時候，最重要的是把握客戶心理，確實對比出效益。因此，當我們就產品的價格進行對比時，並不用進行過多的解釋，讓客戶自己得出結論，比我們口沫橫飛說了半天有用。

2. 價值對比

　客戶：「我覺得你們的產品挺符合我們的需求，只是品質方面，我還是有點擔心。」

　業務員：「這個您完全可以放心，我們的產品經過國家檢驗認證合格，且我們也內部測試多次，合格率高達 90％以上，其他公司的產品也才 85％，我們這設備的品質，真的比其它品牌都好。」

　客戶：「是嗎？」

　業務員：「是的，您看，這是產品相關的合格證書、品管部門的檢測報告……」

客戶：「嗯，資料相當清楚。」

業務員：「目前這款設備已在全國五大城市銷售了十萬多台，而且我們都沒有收到任何關於這款設備的退貨投訴，所以您大可放心。」

在此案例中，業務員利用人們最關心產品品質這一心理出發，將自己的產品與行業內其他產品進行對比，讓客戶消除對產品品質的疑慮。在介紹產品的過程中，只要我們在客戶有購買需求的前提下，巧用對比催眠客戶，讓其感覺到產品的價值，客戶一定會購買。

在催眠式銷售的過程中，相信不少業務員都會遇到這樣的情況，客戶有購買意願，但他心中就是有些顧慮，因而遲遲不肯下決定，這時經驗不足的業務員都會放棄銷售，但如果我們能運用點催眠策略，深化激發客戶的購買欲望，向客戶展示有利於他的部分，從而弱化客戶的疑慮點，成功引導客戶放下心來購買。

2 透過數據來徹底卸除他的防備

在銷售過程中，業務員要達成交易，首要解決的問題就是激發客戶的購買欲望，讓對方動心，如果他對產品沒有任何興趣，談何購買呢？現實銷售中，有時儘管我們使出渾身解數，向客戶展示產品的優點，可顧客似乎不吃我們那一套，但如果我們懂得換種推銷方式，比如拿出實例，告訴客戶產品的銷售量和暢銷程度，進而放大顧客的需求，讓顧客產生緊迫感，那我們的催眠目的就達到了，弱化客戶原先的擔心和猶豫。

小陳是一間天然氣公司的業務員。一天，他來到某社區，向曾先生推銷裝設天然氣管線，但介紹完後，曾先生的回答很讓人失望。

「我沒聽過你們公司，不敢輕易相信你們，天然氣這種東西，萬一有個差錯，後悔都來不及。」

「曾先生，您多慮了，如果我們公司的產品真的出過事故，那我還敢來見您嗎？品質絕對是我們公司最有力的招牌。」

「這倒也是，不過口說無憑，我還是不敢相信你。」

「曾先生，您看，這是我們公司上半年度貴社區的安全檢測表……」小陳把一份檢查報告拿出來給客戶看。

曾先生一看，發現社區有一大半以上的用戶都有安裝天然氣，為了確定這份報告不是騙人的，曾先生還撥電話至社區管委會詢問，這才證明了這份報告的真偽，二話不說地跟他簽下合約，預約安裝管線的時間。

　　小陳之所以能打消曾先生的疑慮，說服對方安裝天然氣管線，就是因為他出示了最有力的證據——安全檢測表，且社區住戶的安裝率就是品質最好的證明。曾有針對消費者做一項研究發現，客戶雖然會找出千萬個藉口來拒絕業務員的推銷，但他們其實都是習慣性拒絕，他們對產品提出異議，並非真的對產品不滿，而是與生俱來的防備心態所致。

　　因此，我們要主動採取動作，比如讓客戶看到產品的數據，使他們產生急切購買的欲望，率先改變客戶的態度，讓客戶更信任我們。對此，我們可以從以下幾個方面做到。

1. 用具體、真實的銷售事例來說明問題、催眠客戶

　　真實的事例是具有說服力的見證，比起複雜的品質報告，有時候具體的真實事例，更顯得形象生動。如果你告訴客戶：「我們公司是奧運的贊助夥伴，這是我們的合作照片。」那勢必會讓公司形象大大加分，但案例一定要真實，否則就是拿石頭砸自己的腳。就像我常說的，我這個人說話雖然較誇張，但背後都是真實的，我從不說自己沒有做到或不曾發生過的事情。

2. 表明產品的暢銷度

　　生活中，人們都有一種從眾心理，且在購買活動中，這種心理更為明顯，是降低內心危險意識的一種典型表現。所以，業務員在促成顧客購買商品時，利用從眾心理來促成交易，其實也是不錯的

選擇，尤其是對那些追求流行的客戶，這一招特別管用。比如，你可以拿出產品的銷售表，告訴客戶：「您看，這是我們這個月的銷售狀況和客戶回饋意見表……」客戶自然會打消心中疑慮，購買產品的欲望也就更強烈。

3. 讓客戶看到產品的回饋情況

在購買心理上，人們都害怕吃虧，通常要周遭有人購買且反應良好時，這種危機意識才會消滅，而這也是為什麼產品的回饋，常常被視為一種證明產品信譽、口碑、品質的事實依據。

可見，消費者對產品的回饋和評價非常重要，且如果回饋內容可以細化到客戶的年齡、職業、對產品的好評，那效果會更好，這不僅可以從側面表現出產品的暢銷情況，同時也說明了產品的適用面，是一種相當有效的催眠方式。

4. 借助權威為產品打廣告

業務員可以借用專家的研究或分析結果，更可以借用知名人士或異業合作來強調產品的「品牌」，提高產品的可信度，十分具有說服力。如：「XX 公司一直在用我們的產品，到現在為止，已經和我們公司建立了五年的良好合作關係。」在說明的同時，用一些圖片或資料來輔助證明，發揮出最好的效果。

有時候客戶並非不需要這項產品，而是我們沒有激起他們的購

買的欲望或解決他們心中的顧慮，如果我們能為其擺出一些事實例證，那這就是最好的催眠，成功激發客戶對產品的信任度，從而讓其放心購買！

將不信任化為品牌忠誠度

當今社會，隨著人們生活水準的提高和商品選擇的多樣性，品牌意識越來越強烈，對品牌的熱衷度越來越高，尤其是年輕一輩的消費族群，更將品牌定義為時尚和品味的表現；更有甚者，非名牌不購買，因而那些零售商家的銷售難度大大增加。

任憑業務員怎麼介紹產品的優點，怎麼勸客戶購買，顧客還是會產生疑問：「我一向只買名牌貨，這種雜牌的產品沒有保障，我可不敢買。」使業務員陷入尷尬，對於顧客這種品牌盲從的心理感到侷促不安，認為沒有迴旋的餘地，只能放棄銷售；但換個角度想，顧客之所以信任名牌，便是因為它帶來一種安全感，所以，如果我們能應用這一概念，透過催眠，建立彼此的信任感，便能消除顧客心中的疑慮，選擇購買我們的產品。

一天，一位小姐來到百貨公司的內衣專區。

業務員：「小姐，你要購買內衣嗎？我們的款式都很漂亮喔！」

顧客：「確實挺漂亮的，這是什麼品牌？」

業務員：「小姐真有眼光，這可是 XX 牌的，它的內衣透氣性都很好，回購率很高喔。」

顧客：「我沒聽說過這個牌子。」

業務員：「您沒聽過這個牌子，可能是因為我們的廣告宣傳不多，但其實我們已經上市七、八年，各大百貨我們都有設櫃。您肯定知道〈維多利亞的秘密〉這個品牌吧，我們的目標就是要成為和它一樣知名的品牌。」

顧客：「真是這樣嗎？」

業務員：「是的，而且我們的設計理念不僅要讓每位穿戴的女性感覺輕鬆、舒服，更要確實起到支撐、維持胸型的作用。畢竟，產品品質直接關係到我們的銷售量和信譽度，把產品做好是任何一個品牌最基本的要求。」

顧客：「這話倒不假。」

業務員：「您再看看另外這款，它設計……」

當顧客提出「沒聽說過這個牌子」時，業務員並沒有直接否認對方的觀點，例如：「怎麼會沒聽說過呢，我們可是知名品牌。」、「這個品牌推出好幾年了，在業界很出名的。」因為這種解釋反而會讓產品顯得空洞，毫無說服力；他也沒有直接承認客戶的觀點，回覆他說：「我們這牌子確實應該多打廣告。」或是「不瞞您說這是新品牌，剛剛上市。」因為這樣回答無疑是驗證了顧客的顧慮。

所以，他先替自家品牌找了個不為顧客知道的理由——「我們的廣告宣傳不多」，然後將品牌的目標和發展趨勢告知顧客，再把產品的主要優勢介紹出來，進行一系列的分析，顧客才打消對陌生品牌的疑慮。

那麼，對於客戶只認牌子不認產品的這種情況，該說些什麼來催眠客戶，使其改變想法呢？

1. 勸客戶試用，讓產品效果說話

客戶之所以不相信小廠產品，是因為他們更相信品牌能帶給他們安全感。而要讓顧客肯定，最有力的方法就是讓他們親身體驗，讓產品的效果說話，客戶自然會接受這個品牌。

2. 將產品與客戶信任的品牌進行對比

可以試著向客戶聊聊：「那您覺得哪個品牌的產品好呢？」客戶回答後，我們先認同客戶的觀點，然後再將自家產品和該品牌進行比較，如果二者並無太大差別，則強調自己的產品優勢，如果產品不一樣，那就強調產品的特點。

3. 出示產品最有利的證據

這是最有效的策略，有時候，如果我們的產品無法讓客戶試用或為客戶演示，不妨向顧客提供一些具有說服力的資料或承諾品質的保證，證明自己公司優秀的經營管理和較強的進貨能力，還可以介紹銷售狀況和發展前景等，讓客戶瞭解、放心。

總之，顧客只認品牌不認我們的產品，那我們就要在品質方面給予顧客保證，並強調我們產品的優勢不僅在於產品本身，價格也能讓顧客感覺物超所值，並適時引導顧客體驗產品，讓他感受產品為其帶來的好處，使顧客被我們引導和催眠，進而放棄購買名牌，選擇你的產品。

靠體驗來打從心裡認同

很多業務員在與客戶溝通時，會把重點偏重在介紹產品上，滔滔不絕地向客戶傳達產品資訊，認為客戶對產品瞭解越多，越有可能購買產品，但得到的結果卻往往與期望相反。其實，業務員大可不必這麼費力，有時候，讓客戶對產品進行親身體驗，並詢問他們的體驗感覺，透過客戶回饋的訊息來找到銷售的切入點，反而能得到很好的效果。

讓客戶看到、摸到或使用到你的產品，透過試用與體驗，讓客戶對你的產品或服務留下好印象，那你接下來說的話都會是中聽的。

我在這裡所說的讓客戶試用產品，就是體驗式銷售，你要讓客戶自己去感受產品的性能和效果，這種真實的體驗會令他們更安心。且在讓客戶親自試用的時候，千萬別忘了給客戶充足的試用空間，要讓他們真實感受到產品給他的享受。

客戶都希望買得安心，用得放心，但要如何實現客戶的這個希望？試用就是最直接，也是最有效的方式，當客戶試用完產品後，會在心裡為其估出一個分數，權衡自己是否需要購買。

且在銷售過程中，要盡量讓客戶參與到你的銷售活動中，讓客戶親身感受到產品的性能與眾不同；若在客戶親自體驗產品後，再運用形象的語言加以介紹，客戶會更願意聽你說。

優秀的業務員深知產品體驗的重要性，他們明白一旦客戶對產品有了切身體驗，便容易聯想到擁有產品後給自己帶來的益處，這樣就可以不費吹灰之力地與客戶達成交易，比你費盡心機地介紹產品、擺出各式的證據、列舉各樣的資料都更有效。

像喬・吉拉德（Joe Girard）在和顧客接觸時，總是想方設法讓顧客先體驗一下新車的感覺，他會讓顧客坐到駕駛座上，握住方向盤，自己觸摸操作一番。如果顧客住在附近，喬還會建議他把車開回家，讓他在自己的親朋好友面前炫耀一番，根據喬本人的經驗，凡是體驗過試駕，把車開上一段距離的顧客，沒有不買他的車的！

雅詩蘭黛（Estée Lauder）是全球知名的化妝品品牌，在其草創時期也曾歷經商品無人問津的困境。當時創始人雅詩・蘭黛女士從鄰居分享美食的經驗中獲得靈感，以廣發「免費試用品」作為促銷宣傳方式，成功將商品推向市場。為何發送免費試用品能帶動銷售呢？根據銷售心理學的研究發現，業務員將商品交給客戶試用一段時間後，客戶的內心就會產生「商品已經屬於我」的感覺，因此，當業務員要收回商品時，客戶的心理會感到不適應，進而萌發想購買的決定。

換言之，如果你能在客戶承諾購買之前，先讓他試用、體驗一段時間，成交的機率將大為增加。當然，礙於商品屬性不同、公司政策不同，你未必能讓客戶擁有商品免費試用期，所以，你可以根據實際情況，自行將產品分裝成小包裝的試用品。譬如化妝品、家庭清潔用品、個人衛生用品、食品、文具用品等品項，不妨就自行製作一個產品試用袋。在拜訪時提供給客戶，並告訴對方在試用幾天或一週後，你將再度回訪，詢問對方的使用心得，或提供必要的諮詢服務；透過這樣的方式，加深你與客戶之間的互動，銷售業績也能有所提升。

而「見證」也是產生說服力與信賴感的好方法。業務員可以講述自己的親身經驗，但並非是照本宣科唸出介紹手冊裡的產品介紹，

而是熱情地向顧客講述自己使用後的感受，這樣反而更能贏得客戶的信任。所以，企業可以召集店內的全體員工舉辦試吃會、試穿會、試乘會等活動，不僅餐廳如此，電器行、汽車經銷商、珠寶店也一樣，乍看之下或許是很浪費時間的做法，但卻能產生很大的價值。

另外，銷售高單價產品時，可以善用讓客人免費試吃、試乘……等，藉由免費體驗的方式讓顧客上癮，瞭解產品的價值所在，而願意花大錢購買。目前體驗的方法很常見，且高單價商品的效果會更好，讓他們感受到「貴雖貴，但更有價值」。例如顧客已感受到現有商品的價值，那就再請他體驗更高級的商品，抓準人們「由奢入儉難」的習性，以此催眠消費者。像是住過高級飯店的人，下次還是會想訂高級飯店；開過豪華房車的人，就會一直想買高級名車。

讓客戶親自體驗產品，是業務員最省力最有效的銷售辦法，要多多善用這種方法，讓客戶切身體會到購買產品後能得到的利益，使客戶相信產品，產生購買產品的欲望。像我在 Costco 賣場買的食品，幾乎都是因為被「試吃」引誘，才「上鉤」的！

好奇心人皆有之，人們都喜歡自己來嘗試、接觸、操作，所以讓客戶親自體驗產品，並不需要多費口舌，只要在客戶體驗的過程中詢問客戶的感受，並針對客戶提出的問題和疑慮做出合理的解釋與說明。這時，客戶在體驗的過程中已清晰感受到了產品的優點，根本不需要過多的介紹就能成交。

3 稍加施點手段，製造產品熱賣的假象

　　我們都知道物以稀為貴，這是再簡單不過的道理，我們總會對那些稀缺或即將失去的產品產生興趣，這也是實際需求的表現。生活中，人們總是對那些即將消失的產品感到急需，像很多商家會為了抓住這一商機，透過一些詞語來表現商品的稀缺：「最後三天」、「只剩兩個庫存」、「此商品還剩 2 天 4 小時 3 分 17 秒售完」等等，使消費者看到這些詞語後，增加了緊張感。

　　還記得年初發生的衛生紙搶購風波嗎？國內衛生紙大廠宣布將於（2018）3 月中旬調漲衛生紙價格，漲幅約 10%～30%，以「即將調漲」來刺激消費者，導致民眾為了省錢，而瘋狂搶購衛生紙，造成各大商家的衛生紙嚴重缺貨；許多本來無意搶購的消費者，也因為害怕短時間內買不到衛生紙，紛紛加入搶購行列，藉由消費者對價格的「預期心理」，引發滾雪球效應，宛如火燒燎原，一發不可收拾，形成消費者對民生需求的一種亂象，所有人都像瘋了一樣的瘋狂搬貨。

　　所以，作為業務員，我們在激發客戶購買欲望的時候，也可以透過製造產品短缺的假象來催眠客戶，以此來促使客戶購買。

　　某商場顧客雲集，正進行全面五折的促銷活動，一位太太特意趁著促銷檔期，前來搶購之前就一直想買的刀具，但即便打了五折，她還是覺得有點貴。櫃員看出這位太太的心思，說道：「太太，今天是活動最後一天了，您看上的這組刀具，可是檔期最後一組，如果您今天不買的話，到時價格回調不打緊，還怕您買不到了呢。」

這時，另一位太太正好逛至櫃上，看了看他們正討論的刀具組，這時，原先猶豫不決的太太對櫃員說：「幫我包起來吧。」

這位太太之所以買下了本來猶豫不已的刀具，就是因為她害怕失去目前僅此一件的商品及如此優惠的價格，而櫃員也利用顧客這一心理來催眠他。所以，你要抓住客戶害怕失去的心態，有時反而能俘獲客戶、促使其購買。

像日本奈良，有一間超市的打折方式就相當獨特，它制訂了打折的期限，第一天打九折，第二天打八折，第三天打七折……依此類推，如果你想在打折期間購買自己喜歡的產品，就可以在喜歡的日子過去；如果你想以最低的價格購買，那就可以在打一折的時候去買，但店家可不保證你要買的東西還有貨。

這種促銷的方法便是抓住了客戶害怕失去的心理，怎麼說呢？因為大家會觀望，不會在第一天或第二天就急著去買，但在第三天打七折的時候，可能就會有人因為害怕東西被買光，而忍不住去購買，到第四天通常就會出現搶購的熱潮。

可見，害怕失去是人們共同的心理，只要我們抓住這點，然後為客戶製造出即將失去產品的假象，就能順利引導客戶進到我們設定的催眠情境——再不購買就被搶購一空了，刺激客戶立即購買。

1. 表現商品的稀缺性

美國唐人街的華人眾多，商店街上開了間燒臘店，老闆手工製做的各種臘味材料實在、風味獨特，很受顧客歡迎。但這間店有一

個規矩，就是每天限量販售，哪怕顧客強烈要求再多做一些，每天的數量仍是固定的。當顧客問老闆為什麼時，老闆只回答：「店內人手不夠，若做得太多，就無法顧到品質，請您見諒。」

人都是這樣，得不到的都是最好的，顯得彌足珍貴。老闆可能真的因為店內人手不夠，但是否害怕品質欠佳就不得而知了，或許只是利用消費心理，讓燒臘店的人氣更旺。

2. 告訴客戶其他人正在購買

人們都有跟風、模仿的心理，不希望落於人後，尤其是一些他們不確定的事情，因為這樣至少可以證明自己沒有「做錯」，而這種心理現象又被稱為「社會證明」。生活中，人們若看到周圍有人瘋狂採買某種產品的時候，會在無意識中認為該產品值得買，於是付諸實際的購買行動。

所以你可以利用這點，針對人們的心理，告知客戶有許多人也準備購買，產品的數量不多了，那客戶很可能因為你的一句話而下定決心。

3. 為客戶提供使用者評論

評論會使消費者的購買決策產生巨大的影響。通常被客戶評論為「品質信得過，價格合理」的商品，其他顧客也會爭相購買，因為他們會害怕在猶豫不決的時候，錯失良機。

因此，你可以試著問問客戶的回饋並記錄下來，成為你日後銷

售產品最有力的見證。

4. 稍微緩和客戶的擔心情緒

在製造緊張氛圍時，你要懂得緩解客戶的焦慮情緒，比如你可以說：「放心，就算庫存少於兩件，我優先預留一件給您。」這樣，不僅和客戶建立了良好的關係，還能順利將產品賣出去。

簡單來說，你要為客戶製造產品短缺的假象，深化客戶的購買欲望，讓他們感覺隨時會失去這件商品，這樣才能順利讓客戶進入我們設定的「圈套」中，進而接受我們的催眠。

巧用「最後時限」，讓客戶在你的催眠下就範

催眠式銷售的過程中，很多時候客戶的購買意願明明很高，也沒有其他異議了，但就是遲遲不肯付錢，此時，我們不妨利用「最後時限」來轉變原先的銷售氛圍，轉敗為勝。所謂「最後時限」的催眠技巧，就是要讓對方在最後時限內抉擇，這時你不必做過多的干涉，只要讓對方產生一種「心理認同感」，由自己得出結論就好，這比我們說得口乾舌燥更有效。

所以，我們要在銷售的過程中，做個心理引導，把對方的思路轉換到你預定的軌道上。在整個交涉的過程，若能將心理催眠的策略貫穿其中，掌握一定的催眠策略，便能讓我們在銷售過程中掌握大局，立於不敗之地，

　　午後，某部門主管代表公司與另一公司討論合作事宜，但雙方討論了好久都未能得出共識，他們都知道，再這麼討論下去，只會耗費彼此的時間，眼看離下班只剩一個小時，這時對方主管發話說道：「今天大家的興致都特別好，但仍沒有討論出彼此滿意的方案，要不這樣吧，反正明天週末，我們就繼續討論，如果還是決定不了，星期六再接著討論！各位覺得如何？」全場譁然，不一會兒，合作方案準時在下班前定案。

　　為什麼會出現這樣的結果？辛苦忙碌了一週，大家都在期待著週末，沒有誰希望自己的週末耗在辦公室裡，他們只想快點結束會議。

　　當然，如果你是在談判，那就要反過來處理，一定要撐到最後一秒鐘，在談判中取勝的人，才是能頂住「最後期限」這巨大壓力的人。但在運用「最後時限」這一催眠策略時，你要特別注意以下幾點。

1. 最後時限要在成熟的條件下執行

　　✓ 處於一個強有力的優勢地位。如果你能事先瞭解到，這筆交易對客戶來說更為重要，或其他競爭對手根本不足以構成威脅，那你就等於佔了優勢，對方未來只能找你。

　　✓ 最後階段才能使用。為了逼迫客戶讓步，你可以試著發出最後通牒，因為在談判的最後階段，對方已在談判中投入大量的人力、

物力、財力和時間成本，一旦拒絕你的要求，這些成本將付之東流，回去後還不好向公司交代；越到最後階段，對方越能意識到此次談判可能替他們帶來的巨大利益，當他們意識到在最後一兩個問題上做出讓步即可獲得這些利益時，才有可能接受你的最後通牒。

✓ 你的建議和交易條件在客戶接受的範圍內。如果你提出的要求很過分，那即使對方想成交，也是有心無力。

✓ 在能實現最低目標的前提下。最低目標是你必須堅守的最後一道防線，如果對方提出的成交條件超出了你所能承受的底線，那談判的與否，對你來說毫無意義。

✓ 試用其他方式無效。當談判陷入僵局，對方給你施加太大的壓力，以致你無計可施，妥協退讓也無法滿足對方的欲望時，最後通牒是最後一個可供選擇的策略。但如果最後通牒也無法迫使對方讓步，就只能接受談判破裂的結局。

2. 注意巧用最後時限的技巧

✓ 「最後時限」最好由談判隊伍中身分最高的人來表述。發出最後通牒的人身分越高，其真實性也就越強，當然，改變的難度也就越大。

✓ 「最後時限」的態度要強硬。在說明時，態度要明確、毫不含糊，說明清楚正反兩面的利害關係，不讓對方存有任何幻想；同時，你也要做好不讓步、退出談判的準備，以免到時驚慌失措。

✓ 用談判桌外的行動來配合自己的「最後時限」。發出「最後

時限」後，再以實際行動表明自己已做好談判破局的準備，從而向
對方表明最後時限的決心。

　　✓ 實施「最後時限」前必須向主管報告。你要讓他明白為何實
施最後通牒？究竟是處於不得已，還是一種談判策略？否則，主管
很有可能因為不清楚情況，而加以干涉，破壞談判策略和步驟。

　　總之，業務員在使用「最後時限」時，要具備一定的條件和談
判技巧，既要讓對方相信你的「最後時限」是真實可信的，又要讓
對方無法還手，接受你的條件。

正反面提醒催眠法，向對方施壓

　　在日常生活中，相信你我都有看過不少商家會實施「限期促銷
活動」，這一促銷方法除了可以營造出一種熱絡的銷售氛圍外，更
是催眠式銷售一種很好的策略；因為所謂的「限期」，其實就是要
消費者注意：超過期限就無法享有如此優惠。當然，消費者對這有
意無意傳遞的訊息其實心知肚明，但很多消費者仍會選擇在節慶或
企業推出的促銷活動期間「瘋狂購物」，即便需要排隊等待，他們
也樂此不疲，只為感受過節、搶促銷的氛圍。

　　且這一催眠策略，在面對個別客戶時，也十分有效。業務員與
客戶進行溝通談判時，可能會面臨許多客戶的異議，因而需要業務
員加以解釋並說服。但如何說服，才能使他們下定決心呢？有時候
任憑業務員將產品的好處說盡了，對方也無動於衷，面對這種情況，
你就必須改變原有的策略，切莫將催眠流於形式，要懂得適時地做

出變化。你不妨試著向客戶提出：「假如現在不購買我們的產品，您將受到……損失。」以此暗示，將客戶處於一種緊張不安的情緒中，如此一來，你的勸說會更容易奏效，更易於達到成交。

　　小王是某運動器材的業務員，他無意間認識了一位潛在客戶楊總，對他進行了一番瞭解。楊總是一位孝順的兒子，相當關心母親的身體狀況，時常買一些保健食品及器材給母親，而且只要他認同這項產品，就不會在價格上討價還價。

　　小王與楊總約了個時間拜訪，向他介紹了公司最新的運動器材，不料，楊總告訴他目前沒有需要，如果有缺的話，會再和他聯繫。小王聽出楊總是在下逐客令，但他並沒有因此放棄，對楊總說：「聽說您的母親就要過七十大壽了，人生七十古來稀呀，我想，以您母親目前的身體狀況，就是再活七十年也沒問題！」

　　楊總聽了慨嘆道：「哎，雖然我母親保養得一直很好，但年紀畢竟還是大了，身體大不如前，一日不如一日呀，最近就常常鬧些小毛病，經常跑醫院。」

　　小王說：「人老了，體力大不如前，在所難免，除了保健食品、食補之外，關鍵還是在於運動，這樣才能從體內增加抵抗力，且他們還能藉由運動，保持良好的心情。」

　　楊總神色嚴肅地說：「以前我母親也會自己一個人去公園走走，可她最近總容易累，再說，我也怕她一個人在外，遇到什麼狀況無人照應，實在很令人擔心。」

　　小王接著說：「那正好呀，我們公司的產品可以幫您解決這個問題！」

　　小王再次向楊總說明這組器材的好處，看出對方有了購買意願後，他抓住機會，打鐵趁熱地繼續說道：「如果您母親七十歲大壽的時候，沒有送她一樣有意義的禮物，那她一定會很失望的。這款運動器材不僅可以讓她老人家感受到您的孝心，且對她又有實質的幫助，在家裡運動肯定比出門要安全的多呀。這組現在只剩三台了，待您考慮完確定要買，還不知道有沒有貨呢！到時您一定會感到遺憾的。」

　　「好，那我現在就下單吧，你先把機器送到我公司，母親生日那天我再給她個驚喜。」說完，楊總已經迫不及待了。

　　小王運用提醒催眠法讓對方感受到壓力，且他的聰明之處在於他還多做了準備工作，在推銷前先對客戶進行瞭解，這樣在實際銷售的時候，成功機率會提升許多。那我們在提醒對方的時候，可以採用哪些催眠技巧呢？

1. 正面「提醒」

　　讓對方接受我們的想法或達到某種目的，並不一定要反覆提醒他：「如若不……會怎樣……」你也可以直接告訴他：「如果你怎樣……會有什麼好處」。但前提是，你對他必須要有一定程度的瞭解、知其所好，這樣才能把「提醒」說到心坎上，同時，讓對方理解我們出發點是善意的，不然會適得其反，引起對方的懷疑。

2. 反面「提醒」

我們可以跟客戶說：「如果你不購買會怎樣……」因為每個人都有害怕失去的心理，只要稍加思量後，對方勢必會掉入我們的「圈套」。

總之，我們要把握好這種心理催眠的方法，進行合理而巧妙的暗示，如此一來就可以聲東擊西、混淆客戶視聽，順利達到成交的目的！

Chapter **6**

催眠式銷售 Step 4：
實現成交，攻克對方心理壁壘

1 瞭解成交前的心理狀況，化解各種銷售困境

　　銷售目的就是收錢，獲取業績、獎金，因此，最後一道關卡「成交」，就顯得相當重要，事關整個銷售的成敗。俗話說，沒有賣不出去的產品，只有賣不掉產品的業務員！所以，業務員可以試著運用催眠式銷售，來促使最後的成交能更為順利，成功取得業績。

　　在銷售中，只要尚未簽約，就存著很多不確定的因素。客戶往往會考慮到很多其他原因，遲遲不肯下單，因而影響到業務員能否順利成交，讓許多業務員手忙腳亂，不知如何是好；其實，只要你能提前瞭解客戶拒絕的心理因素，就能保證在銷售中，不會自亂陣腳，做出相對應的催眠技巧。

　　勤勤是某房屋仲介，她聰明伶俐、溝通能力好，所以業績一直很好。但她最近遇到了一位十分棘手的客戶，買方雖然對物件相當滿意，但遲遲不願簽約，於是，她打電話給客戶，約時間再次拜訪，看看他有什麼其他需求。

　　勤勤：「張先生，我看您對那間物件挺滿意的，不曉得您今天能和我們簽約嗎？」

　　客戶：「是還不錯，但那房子雖然有兩間廁所，卻只有一間有衛浴設備，這和我想像的不一樣。」

　　勤勤：「啊！原來是這樣啊，可能是我之前沒有跟您講解清楚，其實主臥室那間廁所也能洗澡，只要稍微改一下水龍頭就可以了。當初建商就是想讓住戶自行決定，所以並沒有安裝。」

　　客戶：「這樣啊，但我還是想再考慮考慮，XX 路上也有幾棟

新建案也不錯。」

　　勤勤：「張先生，台北不缺新的建案，但這家建商的房子並不多，您也是知道的，建商一向以誠信著稱，承諾要規劃大量的綠地面積和中庭花園，他們就絕對不會佔用，您也有到現場賞屋過。我想，其他的房子應該沒有像這樣的規劃吧？」

　　客戶：「對，但現在不景氣啊！還是過一陣子再買好了。」

　　勤勤：「過一陣子若經濟真的復甦了，這價格可就沒這麼便宜了。再說，投資界裡可有一條投資原則：『當別人賣出時買進，當別人買進時賣出。』我想您一定聽過，長期的利益絕對勝於短期的投利，對吧？」

　　房仲勤勤很聰明，客戶張先生仍在觀望，因而不肯簽約，希望可以買到更好的房子，所幸勤勤一眼就看出來，排除了客戶的這些想法，讓對方漸漸被她催眠、說服。那可能影響客戶成交的心理因素有哪些？我們又該如何透過催眠來預防呢？

🔆 1. 客戶希望買到完美無瑕的產品

　　每個人都希望能買到最物超所值、最好的產品，但這種期望往往會超出產品本身的價值，因為世上本就不存在完美無缺的商品。一分錢一分貨，一定的價錢勢必只能購買到相對的產品，比如：人們買手機時，都希望購買的手機能具備市場上所有手機的優勢，像拍照、音樂、導航、3G 等等。但即使功能再多，也難以完全符合心意，所以客戶的期望和產品本就會存著矛盾。

在催眠式銷售中，如果客戶的期望不能被滿足，他們會因此感到失望，認為自己沒有得到應有的利益，從而重新考慮購買及決策。所以，業務員要避免這種情形發生，採取適當的催眠技巧，在向客戶介紹產品時，秉持實事求是的態度，讓他們對產品有一個清楚、明確的認識，打消客戶過高的期待，你也可以讓他們先行試用產品，避免爭議。

2. 客戶認為其他的更好

在銷售過程中「跑單」的事情很常見，有時候你可能已經和客戶談到簽約事宜，但突然殺出一個程咬金，出現具有威脅性的競爭對手，因而讓這筆生意告吹。所以，業務員要時刻注意競爭對手的情況，包括他們和合作客戶之間的往來、進展等，這樣才能有效預防跑單的狀況發生，從而保證銷售工作能順利進行。

3. 客戶有觀望心理

許多客戶都抱持著這樣的心態，總認為還有更好的產品、更優惠的價格，而存在觀望心理的原因有很多，比如他們在等價格下跌，迫使業務員讓步，或看其他競爭品牌是否有更優惠的價格，但無論什麼情況，這對業務員都是相當不利的。因為觀望中的客戶，其實大多已掌握了該產品的行情價格，在整場銷售中，他們擁有更大的主動權；如果你只曉得坐以待斃，被動接受客戶的拖延策略，那就很有可能失敗。

對此，業務員要盡可能地滿足客戶，得到客戶的信任，留住客戶的心，一步步擋住客戶觀望的視線，這才是明智的催眠策略。比如，告訴客戶價格優惠即將截至，向客戶出示產品的品質認證和權威認證等，堅定客戶成交的決心。

當然，影響客戶成交的心理因素還有許多，但無論是什麼因素，只要我們從以上三個方面進行催眠和引導，那當阻礙真的產生時，我們就能在第一時間解決它，從而保證過程順利。

 ## 化解成交前的各種困難

在催眠式銷售的過程中，一般在提議成交之後，一定會有客戶作出拖延購買的決定，所有的客戶都知道這項技巧。他們經常說出「我考慮一下」、「我們要擱置一下」、「讓我想一想」諸如此類的話語，讓我們的銷售在成交前產生阻礙，而困難若不能順利解決，則意味著前期的銷售工作前功盡棄。

那客戶為什麼遲遲不肯成交呢？其實這是有一些心理成因的，只要我們運用一些心理催眠技巧，加以觀察和理解，找到顧客不同的拒絕理由，然後加以引導，就能逐步解決。與各位分享一位銷售員的銷售經歷。

「我是一位飾品店的銷售員，某天店裡來了位小姐，她說想要買耳環，於是我給她介紹了一款，她看了樣式後十分喜歡，但始終猶豫不決，說要考慮一下，想再到別間店逛逛。我當時正好想到店裡有個促銷活動，只要當天消費滿一定的金額，就贈送一份精美禮

品，於是我隨即向她介紹我們的活動，並拿出贈品給她看，她看了之後也相當滿意，但卻抑制住了心中的喜悅，還是說再看看。我便勸她，告訴她這個活動贈品數量有限，如果她喜歡，還是快點買下來比較好，過了幾分鐘的沉寂後，她便決定買下來了……」

這位銷售員的催眠技巧，值得我們學習，他在銷售過程中所遇到的問題，是每位銷售員都會遇到的；所以，無論客戶提出什麼反對意見，我們都要保持耐心，找出客戶不肯成交的原因，然後將它逐一化解，成功勸服對方，順利成交。而若要順利化解銷售中遇到的困難，就得對症下藥，透過深化來催眠、引導對方。

1. 客戶的耐性太好，始終不肯成交

面對這種情況，業務員要和客戶比耐性，誰能堅持住、誰的心理素質好，誰就能取得最後的勝利。我們心裡要明白一點，沒有一個客戶會在不清不楚的狀況下，就購買某件產品；且為了保證自己能買到放心的產品，他們一般都會先拒絕，然後再讓業務員來勸服自己，從而證明產品的價值。

2. 客戶對促銷產品心存疑慮

有時店家為了吸引客戶，大多會採取促銷的方式來刺激消費，但這樣做可能會讓客戶對品質產生質疑，認為是不是產品有什麼問題，所以降價？這種情況下，業務員一定要做好引導和釋疑的工作，

讓客戶瞭解且相信促銷的原因。比如，你可以告訴客戶：「正是因為品質好，獲得消費者廣大的迴響，公司才會安排降價、想回饋消費者，這也是薄利多銷。」於是，顧客認為自己占到了便宜，但其實在整個「引導」的過程中，所有的行動都是你所策畫安排的。

3. 客戶滿意產品，卻遲遲不肯成交

有些客戶，他們對產品很感興趣，但因為一些其他原因，比如暫時不需要或認為可買、可不買，而採取觀望的態度，遲遲不肯成交。對於這種情況，我們要懂得上動採取催眠措施，比如適時地施壓，但這並非強迫，反而是一種心理策略，使顧客在無形中感到壓力，讓他們主動提出成交。

當然，這項策略有些冒險，所以業務員一定要做好準備，具備良好的應變能力，否則容易弄巧成拙，不小心激怒對方而丟單。

✓ 越接近成交時，越不能心浮氣躁，切勿急於求成，否則很容易前功盡棄。

✓ 如果客戶在最後關頭仍不斷刁難，那你要站在對方的角度設想，畢竟這是「一場較量」後的最後關頭。

✓ 服務到底，不要因為客戶即將簽約或跑單，而放棄、有所鬆懈；即便客戶有意跑單，但如果你能將服務做到最後，有始有終，那還是有機會成交的。

銷售，本就是靠嘴吃飯的，一個業務員擁有一副好口才固然重

要，但更要善於運用心理戰術，用適當的催眠技巧來促成銷售，替自己的事業添磚加瓦！

 敏銳觀察，識別客戶發出的隱藏信號

　　生活中，每個人的性格都不一樣，並非所有人都會透過言語來表達購買意願，所以，業務員應該具備敏銳的觀察力，從客戶的表情中識別客戶真實的想法。有很多經驗不足的業務菜鳥，當客戶透過「暗示」，向他發出成交信號後，他卻不明就裡，甚至會錯意，導致銷售失敗。可見，在第一時間識別顧客發出的成交信號，並在此類信號的基礎上做心理催眠，然後繼續努力，把銷售朝成交的方向引導，是業務員要學習的技巧。

　　李雅是一名網路公司的業務員，在一次與客戶進行銷售談判時，她看客戶一直緊鎖著眉頭，時不時針對產品的品質和服務提出反對意見，但無論客戶提出什麼意見，她都十分有耐心地回答，並針對市場上的同類產品進行比較，強調自家公司的競爭優勢；還特提到客戶普遍較關心的售後服務，強調他們公司的客服獲得市場調查前三名的優異成績。

　　在她說明的時候，她發現客戶對她的介紹不再是一副事不關己的樣子，他的眼神閃閃發亮，看起來就是很滿意這個數據，李雅知道她的介紹說到客戶的心坎兒上了，於是她又乘機敲敲邊鼓，順手將合約拿了出來，果然，客戶拿起筆準備簽字。

　　業務員李雅之所以能順利成交，是因為她善於觀察客戶，識別出成交信號；所以，識別客戶的成交信號是催眠式銷售中最為重要且最關鍵的一步，業務員要好好把握。那又該如何成功識別顧客的成交信號呢？

1. 成交的語言信號

　　✓ 對產品挑三揀四，總覺得有哪裡不滿意

　　這類客戶並非真的認為產品不好，他其實是希望可以透過表達意見，來為自己爭取最大的利益，也就是人們常說的「嫌貨人才是買貨人」。如果客戶對你的產品絲毫無意見，那就說明他們對產品根本就沒興趣。

　　✓ 稱讚其他廠商的產品

　　你要明白，客戶有時並非真的欣賞別人的產品，如果他真喜歡別家的產品，又何必要與你費盡口舌，直接向其他廠商購買就好啊？所以，客戶那「違心」的稱讚，其實是為了得到更多的「好處」。

　　✓ 詢問價格上的優惠，比如產品有沒有促銷或打折活動

　　人們總希望能買到物美價廉的產品，所以有些客戶會希望能透過什麼方式，來獲得價格上的優惠，因此，當客戶問到這點時，那離成交就不遠了。

　　✓ 詢問產品的售後、保養維修、送貨時間等問題

　　客戶在詢問這類問題時，便是心中已決定購買，只是沒有明確說出來。他們之所以會旁敲側擊的詢問，是為了增加自己購買的安全感。

✓ 問付款方式

如能否付訂金、分期、全額付清等問題。

✓ 客戶直接向業務員表達自己對產品的滿意。

2. 成交的表情信號

✓ 客戶始終把視線放在產品上，這是因為他對產品有興趣，想要有更多的瞭解。

✓ 客戶的嘴部輪廓開始放鬆下來，一般來說，嘴唇若緊閉，通常會是緊張的表現；若放鬆則表示緊張的問題已經解決。

✓ 表情充滿熱情、自然的意味，這表明客戶對產品不再冷漠、懷疑，更不會拒絕。

3. 成交的動作信號

✓ 客戶開始變得「躁動」起來

如果客戶由面無表情、抱胸等動作，轉變為四處看看，或是開始打量產品的品質等，這說明，客戶開始對產品產生購買意向了。但也有可能是對你的解說感到不耐煩，你要多方評估他的舉動。

✓ 客戶開始放鬆下來

一般客戶在決定買與不買時，會產生一種糾結的緊張情緒，可一旦他們確定購買，行為動作上會自然表現出放鬆的狀態。

✓ 客戶的雙腳顯示出他的真實心理

人們在撒謊的時候，其身體的某個部分會不經意地出賣他們，

比如雙腳，客戶如果拿「離開」作為威脅條件迫使業務員降價，但他的雙腳卻完全沒有移動的樣子，那很明顯就是在撒謊，說明他在測試你的價格底線，這時誰能堅持到最後，誰就是贏家。

4. 成交的進程信號

✓ 轉至更為嚴肅的交談場所，體現出客戶對交談內容的重視。比如，客戶邀請你到他們公司商談，這就表明開始有購買意向了。

✓ 業務員在訂單上寫明產品數量及付款方式時，顧客沒有明顯的拒絕和異議。

✓ 向業務員介紹真正的決策人，如對方主動向你介紹「這是我們主管」、「我們家的大小事都是我太太做主」等，有極大的可能是準備進行簽約。但你也要注意，有時候是對方找一個人當擋箭牌，婉拒你的推銷，向你表示自己無法做購買決定。

當然，根據不同的客戶、業務員的推銷能力、銷售階段的不同，客戶所發出的成交訊息也會有所不同，所以業務員要懂得依據具體情況，仔細觀察，不斷揣摩與分析，識別出客戶的成交信號，然後再對客戶進行引導，最終成功拿下訂單。

勇於要求成交是銷售成功的關鍵

一筆訂單的交易，意味著個人業績、銷售獎金的獲取；對公司企業意味著營業收入、市場發展；對客戶則意味著個人需求獲得滿

足。因此，「順利成交」形同是多贏局面的代名詞，但如果銷售失敗，業務員往往首當其衝，獨自承受著內外壓力，造成業務員容易在與客戶達成協定前，顯得患得患失，一下子擔心自己操之過急，一下子期待客戶主動購買，結果未能完成最終的銷售目的。

獲得訂單、成功完成締結，除了要掌握成交時機外，也和你能否勇於向客戶要求成交有著絕對的關係。在銷售過程中，有許多因素會影響客戶的購買行動，所以，你的商品解說、解決異議、引導溝通等銷售技巧就顯得相當重要，這都是幫助你完成銷售的工具，你要懂得善用「工具」刺激客戶的購買欲，千萬別提不起勇氣要求客戶成交，而平白錯失成交良機。

一般業務員在要求客戶成交時，會有以下常見的心理障礙。

1. 擔心時機不對，引起客戶反感

有時業務員會不斷確認客戶的購買需求及購買意願，可一旦客戶真正有意購買時，卻又擔心成交的時機點不夠成熟，貿然開口會造成客戶的壓力或反感，所以寧可「靜觀其變」。

其實這種心理源自於業務員的「害怕失敗」，畢竟好不容易讓客戶產生了購買意願，怎能不更謹慎地因應？因而未及時提出成交，避免馬上被拒絕的風險，沒想到反而錯失訂單。當客戶已經有意願購買時，正是業務員積極引導、主動提出成交的好時機，過度的謹慎只會讓客戶的購買欲冷卻，因此，你要克服這種心理障礙的方式，保持平常心、坦然面對結果，不要過分在意銷售的成敗。

2. 期待並等待客戶主動開口

通常銷售成交的方式有兩種，一是簽訂供銷合約，二是現款現貨交易，但無論哪一種，業務員都不應存有錯誤的期待，認為客戶會主動提出成交要求，我只需等待他們開口，要盡快糾正這個觀念。

絕大多數的客戶都不會主動表明購買意願，即使他們有極高的購買意願，但如果業務員沒有積極提出成交要求，他們也不會採取購買行動，所以在銷售過程中，應牢記自己的引導作用，並適時地鼓勵客戶完成購買。

3. 主動要求成交，並非是哀求客戶購買

業務員主動要求客戶成交時，如果他的內心產生「這是在哀求客戶購買」的感受，代表他對銷售有著錯誤的認知，忽略了自己與客戶之間是平等、互惠的銷售關係，因而讓自己在面對客戶時缺乏自信，不敢提出任何積極性的建議，容易陷入自怨自艾的困境，長此以往，自然會對個人銷售事業的發展有不良的影響。

身為業務員，你必須瞭解你是在為客戶提供商品或服務，滿足他們生活上的需求，而客戶也以金錢作為交換與回饋，因此雙方進行的是一場「公平交易」，唯有正確認知雙方互利互惠的買賣關係，你才能調整心態、展現自信，樹立專業的銷售形象，才能取得客戶的信賴。

4. 擔心商品不夠完美，引起客戶的心理反彈

這是一種複雜的心理障礙，當業務員對自己銷售的商品沒有信心、害怕客戶拒絕、憂慮市場競爭者具有銷售優勢時，經常會在提出成交要求時卻步，如果客戶最後又沒有採取購買行動，他會將銷售失敗的原因，歸咎於商品的品質有問題，更加否定商品的價值。

在銷售過程中，業務員憂慮自己的產品不夠完美，可說是自尋煩惱，因為世界上沒有百分百完美的商品，客戶所尋求的商品標準也不是「完美」，而是「好處」。當客戶瞭解商品能帶來的益處正是他所需求的，那這就是值得購買的商品，此時業務員只要主動提出成交要求，就可以促使他們做出購買決策。換言之，業務員若想克服「商品完美性」所造成的心理阻礙，必須清楚認知：完美的商品並不存在，但商品的好處、價值卻是可以塑造的。

2　適時地幫客戶做決定

你知道嗎？在銷售的過程中，適時地幫客戶拿主意，其實是一項相當實用的催眠技巧。在催眠式銷售的成交階段，若我們越是積極地去勸服客戶接受產品，恐怕只會讓他覺得反感；但如果我們能試著主動、大膽地為客戶做些決定時，他們有一定的機會被我們的信心折服、減少不安感，最終爽快簽約。

在客戶遲遲無法做出成交決定的銷售僵局中，銷售工作能否有所進展，往往取決於業務員的作為，所以業務員要盡可能地掌握主動權，擔任客戶決定成交的引導者，適時地幫對方做出決定，在客戶背後推一把。

小周是一家建材公司的業務員，這天他約見了一位客戶。一開始，客戶對小周的介紹非常感興趣，且不時提出問題，但雙方溝通很長一段時間後，這位客戶卻還是遲遲做不了決定。

小周：「介紹了這麼多，您覺得怎麼樣呢？」

客戶：「我再考慮一下……」

小周：「我想您很清楚我們的產品，無論在品質上和價格上都相當有優勢，您心裡一定也這麼認為，對嗎？」

客戶：「嗯，是的。」

小周：「那您之所以做不出成交決定，是不是還有什麼其他方面的疑慮呢？」

客戶：「這個……我想我們公司大量訂購你們的產品，你們應該給予一定程度的折扣啊！」

小周：「原來是因為這個原因啊。不過，我想您聽了我剛才的介紹後，應該清楚我們的產品不僅品質好，價格公道，而且我們也會提供非常完善的售後服務。請您看一下合約，我們已詳細載明自身的各項義務……」

客戶：「你們的服務品質可以保證嗎？」

小周：「這個您完全可以放心。只要您購買我們的產品，就不必再為產品擔心，我們會提供最完整、最貼心的售後服務。我們公司既能保證產品品質，又同時兼顧公道的價格，並提供完善的服務，如果不馬上訂購，豈不是一種遺憾了，您說是吧？」

客戶：「有道理，那好吧，我就直接下訂吧！」

雖然業務員無法替客戶做出成交決定，但卻可以從旁幫助、引導客戶做出決定，替客戶灌注信心。透過與客戶溝通，向他們強化產品優勢，逐漸堅定客戶的購買決心，讓客戶做出最後的成交決定。

業務員幫助客戶做出成交決定的過程，其實就是輔助、引導客戶，不斷堅定其購買信心而已。在這個過程中，業務員千萬不可因為急於成交，而失去應有的耐心，否則很容易招致客戶的反感，不僅對成交無助益，更可能白白失去客戶。那在銷售過程中，面對不做出成交決定的客戶，業務員該如何幫助他們，使他們做出決定呢？

1. 使用肯定成交法

肯定成交法是銷售領域中，一種較為普遍的銷售方法，主要是指業務員用十分肯定的語句作為銷售工作的推進劑，堅定客戶的購

買信心，使客戶變得果斷，進而決定購買的方法。肯定成交法先聲奪人，難度低，效果也相當顯著；所以，當客戶不願做出成交時，業務員不妨運用這個方法，幫助客戶快速決定。

例如，一名服飾店銷售小姐，在面對客戶無法做出決定時，可以向顧客建議：「這幾件衣服非常適合您。」、「衣服能襯托您的氣質。」、「您穿起來非常好看呢！」用這樣讚美的語句和肯定的語氣，逐步堅定對方的購買心理，為顧客建立足夠的信心，就能產生一定的效果，輔助顧客做出成交決定。

2 探究客戶不願做出成交的原因

客戶遲遲不下決定，一定有其原因，不管是他認為產品價格過高，還是覺得產品品質不夠好，甚至沒有購買的意願，業務員都要盡可能釐清客戶不願做出決定的原因，然後再根據實際情況，選擇合適的解決方法。

在探究客戶不願成交的原因時，業務員可以使用溝通引導或開門見山的方式，直接詢問客戶：「您還有什麼擔心的地方嗎？」、「是什麼因素考量，讓您遲遲無法做出決定呢？」若你的態度真誠，對方通常都會願意坦誠相告。只要業務員掌握了不願購買的原因，就可以做出相應的解決辦法，排除這些有礙銷售的原因，幫助客戶做出決定。

3. 假設成交對客戶的好處

在能獲得最大利益的前提下，客戶才會更願意做出成交決定。讓客戶覺得成交有利益可得，是業務員讓客戶快速做出成交的一個方法，所以，在銷售過程中，業務員可以利用假設的方式，告訴客戶成交後可能會得到的好處有哪些。例如在向客戶推薦生產機具的時候，可向客戶表示：如果購買下來，能為您降低成本，提高生產效率，進而增加您的利潤。先替客戶畫出一個美好的大餅，客戶就能明白成交能為他帶來的好處，自然也就願意更快地做出決定。

但要注意，在假設客戶成交所獲得的利益時，業務員應本著實事求是的原則，不可為了快速成交而說一些與事實不符的話，否則會在客戶心中留下「名不符實」的負面印象，縱使此次的銷售成功，卻有可能永遠失去客戶。

4. 暗示法

前面章節中我們就有提及，在催眠式銷售中，暗示是經常運用到的催眠技巧，透過暗示別人的看法，來堅定顧客自己的判斷，同樣地，我們也可以透過暗示法來幫客戶拿主意。比如，「這套衣服多顯氣質啊，您買來送給太太的話，她一定會很高興的。」在銷售的過程中，有許多促進成交的催眠方法，你要根據不同的顧客，採用不同的成交策略。

可見，只要善於觀察和總結，每個人都能成為催眠式銷售的高

手，所有的行銷理論與技巧，無非都來自於日常生活，而你又再回饋於客戶的日常消費之中，但使用這些催眠技巧讓客戶做出決定時，我們要注意以下幾點：

✓ 與客戶交談的語氣一定要把握好分寸，技巧也要嫺熟。

✓ 有些客戶並不喜歡別人替自己做決定，業務員要善於觀察，對他們循循善誘。

總之，在催眠式銷售的過程中，作為業務員，有時候不一定要對客戶言聽計從，若客戶遲遲不肯成交，我們不妨採取一些心理催眠技巧，讓客戶迅速下定決心購買，縮短銷售時間，提升我們的銷售效率。

 「不建議成交」催眠法，讓客戶變成你的鐵粉

我們都知道，沒有人永遠扮演同一個角色，拿業務員來說，在生意場上或商場上他們是業務員，但在日常生活中，他們也同樣是別人的客戶。所以，誰不希望買到稱心如意的產品，誰不曉得「只選對的，不選貴的」這個道理呢？

如果我們為了短期的銷售業績，不斷推薦客戶購買最高價的產品，或誘導客戶購買超出需求或用不著的產品，不管產品是否符合客戶特點，那最終只會被客戶埋怨，甚至失去客源和財路。

但如果我們能從催眠式銷售來思考，站在客戶的角度，採取對們的立場考慮，使用「不建議成交」的催眠技巧，那可能會有一定

的機率把客戶變死黨，進而放心購買。所以，每位業務員都應該真誠的提出建議，讓客戶信任你，只有推薦最適合客戶的產品，才能讓他們打從心底滿意，成為你的死黨，甚至是你的鐵粉。

客戶：「我覺得那套木質傢俱看起來比較大方，而且我比較喜歡木質的東西……」

業務員：「請問您的客廳大概多大呢？」

客戶：「我家客廳有十坪左右吧，應該能放得下。」

業務員：「您仔細看一下這套傢俱的寬度，想想若放在客廳裡，會不會讓其他空間過於狹窄？因為我們展示空間較大，所以會讓這套沙發感覺較氣派，但有很多客戶都忽略這點，直接把這兒比擬為自家客廳大小。您看旁邊那套稍小的沙發，其實它更適合一般家庭使用，價格也實惠很多。」

客戶：「你說的對，我還是買這套小一點的吧。」

業務員那真誠的銷售態度，可說是最好的催眠技巧，雖然推薦較貴的傢俱給客戶，能獲得的利潤更多，但他懂得從客戶角度考慮，為客戶推薦較合適的傢俱，實在難能可貴。且這類的業務員不用擔心自己的業績不好，因為他為客戶著想，對方自然也會有所感受，產生一定的信任感，因而把業務員當成死黨，下次再來消費或介紹客人時，直接指明要由你服務。那在向客戶推薦產品時，業務員要如何使用「不建議成交」法呢？

1. 提供真誠的建議

沒有人不想做高利潤的生意，只要遇到財大氣粗的客人，就會把最貴、最好的產品通通拿出來推薦，把對方視為肥羊，要痛痛快快的宰了他，阿諛奉承地說道：「這種高價位的品質當然最好，一分錢一分貨，價格貴、做工自然較為精細，這可是公司最看重的商品，其他那些較為低價的，只是為了符合市場需求而製作，全由機器快速生產。」但真正優秀的業務員，應該要告訴客戶如何選擇適合自己的產品。

若客戶對自己的需求比較模糊和不明確時，業務員要站在客戶的立場，提供真誠而合適的建議。如果客戶認為自己需要的產品或服務並不適合他們，先前不看好的產品才能滿足其需求，這時業務員就應該根據客戶實際需求，將溝通的內容認真加以分析，提出最恰當的建議。

2. 讓客戶有面子

每個人都有自尊心，誰都會在意面子問題，讓客戶有面子，正滿足了這一心理需求，是極好的催眠技巧。的確，有些情況下，客戶會希望業務員替自己找一個臺階，從而在可接受的範圍選擇較好的產品，但如果不懂得客戶心理，說錯話，反而會讓客戶騎虎難下，不知如何是好，最後就不買了。

雖然大部分商品的價格與品質是成正比的，價格越高、品質越好，但也不乏物美價廉的商品，況且每個客戶心中都有自己的預算

和商品：對於那些財力足夠的客戶，大多數是東西都買最好的，但對普通消費者來說，只要適合自己，那就是最好的。所以，業務員要懂得根據銷售狀況，適時地為客戶舖臺階，顧及對方的面子，讓銷售更為順利。

3. 重視客戶的利益

銷售雖說賣的是產品，但其實就是讓客戶成交的過程，不僅需要一定的說話技巧，更要掌握正確原則，抓住客戶的切身利益展開說服工作，即「站在別人的角度，說自己的話。」。

每個人在溝通的過程中都有自己的立場，若別人說話的立場和自己的不同，自然會產生抗拒心理。所以，聰明的業務員應該學會和客戶站在同一個立場上，從客戶的角度思考問題。

一家高級西服店進來兩位客人，其中一位說明要買一套最高檔的西裝。業務員馬上把一套西裝取下來，十分和氣地把衣服遞了過去。但因為顧客身材高大，試穿後覺得衣服有點小，另一位看了也直搖頭，認為尺寸不符，可那業務員卻不斷地說：「不錯，挺好的！剛好展現出您的身型。」一聽到業務員這麼說，他們交換了一下眼神，試穿的顧客便把西裝外套脫下，兩人一同離開了。

可見，業務員要在第一時間考慮客戶的要求，一旦你掌握了這種催眠技巧，你的工作就能更順利地進行。你要記住一件事情，我們做得不僅是一筆生意，贏得客戶的信任、獲得忠實的顧客才是重

點，忠實客戶給你帶來的利益是不可估量的。

 不再猶豫不決，讓客戶下定決心購買

　　銷售過程中，經常會遇到這樣的情況，我們滿懷熱情地為客戶介紹產品，客戶對我們的產品也很滿意，於是我們理所當然的認為客戶會購買，但到最後的關鍵時刻，客戶卻說：「我得回去問問家人，我做不了決定。」這句話猶如一桶冷水，澆滅了你的熱情。

　　一些業務員會以為客戶這樣說就等於拒絕購買，因而馬上放棄推銷；但也有一些業務員太過急功近利，只要聽到客戶這樣說，會為了挽回對方，把死馬當活馬醫地回應道：「這種事情還要問家人啊，自己決定就行了吧？」、「不用商量了，這麼超值的產品哪間店還有？」這兩種回應方式都相當不禮貌，無疑會趕走顧客。

　　其實，客戶之所以會說要詢問家人，一般有兩種可能，第一種正如他所說，需要和家裡人商量；第二種可能這只是一種藉口，不好意思直接拒絕。但一般來說，如此猶豫不定的客戶，通常是性格優柔寡斷，沒有主見，容易受外界環境的影響。所以，若遇到這種顧客，業務員一定不能輕易讓其走掉，反而要抓住他猶豫不決的特點，採取一定的催眠策略，儘量引導他下定決心購買。

　　一位先生來到某珠寶專櫃，因為跟太太的結婚紀念日快到了，所以打算買個小禮物送給太太。他看上一枚鑲著碎鑽的戒指，但猶豫了好久，他說：「我怕我太太不喜歡，我還是回去和她商量一下吧。」

櫃姐：「是的，您的顧慮我可以理解，雖然這只是鑲鑽款，但也不是筆小數目，要與妻子商量一下是正常的，但您知道嗎？您能記住結婚紀念日這已經很難得了，而且您還想給她一個驚喜，她肯定會非常高興；但如果您還回去和她商量的話，這種驚喜感不就沒有了嗎？有違您當初買戒指的本意呀！現在剛好是我們週年慶檔期，有滿千送百的活動，而且，您也看到了，我們每款鑽戒都只有一只，等您問完再來買，可能就沒有了。」

顧客：「我還是先買吧，萬一明天真的被其他人買走了，那不就可惜了……」

案例中，這名櫃姐之所以能說服顧客購買，便是因為她採取「軟硬兼施」的催眠策略，既保持良好的態度，又對客戶適當地施壓，告訴他如果不購買，要回去與妻子商量的話，不僅會失去原先準備要給妻子的驚喜，而且現在又正逢週年慶檔期，有促銷活動，可能導致他原先中意的戒指被其他客人買走；在面對業務員營造的誘導下，顧客自然會暫時放下與妻子商量的想法，從而選擇購買。

所以，要想讓猶豫不決的客戶做出決定，業務員就得在旁邊敲敲邊鼓，盡量找出客戶猶豫的原因，主動解決他們的遲疑不決，推他們一把，為客戶建立堅定地信心，進而促成成交。那在面對這種情況，業務員該如何處理、採取怎樣的催眠策略，來消除對方猶豫不決的心態呢？

💡 **1. 認同客戶顧慮的合理性**

如果我們能認同顧客的顧慮，表達同理心，會讓顧客覺得你在為他考慮，有利於我們獲得對方內心的支持，進而拉近和客戶的距離，即使顧客認為需要和家人商量，你也可以暫時把顧客留住，展開更進一步的說服。

💡 **2. 引導客戶意識到直接購買的好處，促使其加快購買**

案例中的櫃姐是聰明的，當顧客認為要和妻了商量時，他反而從「驚喜」這個角度，讓客戶認識到與妻子商量，有違當初要給妻子驚喜的本意。

而要讓客戶認識到直接購買的好處，我們可以挖掘產品背後的意義，稍微恭維一下顧客。比如，你可以說：「其實，這不僅僅是一件衣服，而是一種心意、一種愛，不管它怎樣，只要是您買的，老公都會喜歡的。再說啦，如果他真有什麼不滿的地方，我們特別允許您在三天內可以拿回來更換，您看這樣好嗎？」

💡 **3. 對顧客施以適當的壓力，催眠客戶立即做決定**

顧客遲遲無法下定決心購買時，你千萬不要認為等待就可以得到結果，因為顧客可能會因為權衡不出答案，而放棄購買也說不定。很多時候，客戶在下決定時，業務員要適度的參與，對顧客施加些許壓力，促使他們做決定，且這一招通常都能奏效。

你可以這樣說：「這組產品已剩下最後一批了，下次什麼時候

再進這批貨要看總公司的決定。」或者說「這款產品雖然賣得很好，但總公司那邊準備停產。」只要顧客確實滿意產品，他們便會立即做出購買決定。

另外，我們還可以掌握一些催眠技巧，讓其快速成交。

✓ 適當讚美顧客，鼓勵顧客成交。如：您的眼光真好，您先生一定會喜歡的。

✓ 從眾成交法，用人們的從眾心理來刺激顧客購買。如：現在的小女孩都喜歡這樣的款式，我相信您的女兒一定會喜歡的。

當然，運用這一方法，我們不可急功近利，要給顧客考慮的空間，有時候也要退後一步，讓客戶自行進入催眠情境之中，否則很容易令客戶反感。

 用激將法促進成交

在銷售過程中，業務員經常會遇到這樣的情況，對方雖然已充分瞭解產品，也確實對產品有所需求，但卻遲遲不願做出成交決定。面對這種情況，業務員總會疑惑，不曉得問題到底出在那兒，也不知道該如何打破僵局，順利取得訂單。

曾有一位資深的業務員跟我分享道：「換一種方式，也許就是銷售成功的另一途徑。」是的，如果對方遲遲不肯購買，你不妨試試別種方法，利用激將法，換個角度告訴對方，如果你不購買，將會遇到什麼困難或麻煩，向對方說明清楚會有什麼損失，這樣客戶

在承受一定的壓力下，就會較快做出決定了。

小朱是一家保險公司的業務員，一天，他去拜訪客戶，針對客戶的情況規劃了一份保險方案，並做了詳細地介紹，但客戶並沒有表示購買意願。

小朱：「您應該知道保險對我們的重要性為何。我想您一定也希望自己和家人都能健康平安，這才是我們生活的根本。」

客戶：「其實我不太需要這種保險，我……」

小朱：「我想您是非常關心家人的健康和安全的，您之所以不願意購買這種保險，是不是因為我為您搭配的險種不適合您呢？那我再推薦您一款『29 天保險』。」

客戶：「『29 天保險』？這是怎麼樣的保險？」

小朱：「這種保險與我剛才為您介紹的保險金額相同，而且期滿後的紅利和本金也一樣，但只要繳納保險金額 50% 的費用就好。」

客戶：「喔，有這麼划算的保險？那它有什麼特別的要求嗎？」

小朱：「我來向您介紹一下，這款保險是指您每個月的受保天數為 29 天，剩下的一天或兩天是完全沒有保險的，在這兩天，您可以選擇待在家或從事其他任何您覺得安全的活動，但根據資料統計，很多危及生命的災害都發生在家中。」小朱遞上數據資料。

客戶：「那這……如果剛好那兩天遇到意外呢？為什麼你們公司會出這款保險呢？」

小朱：「先生請您放心，這項保險方案尚未獲得總公司的認可，但因為您剛剛有所猶豫，所以才又給您看看這方案，不曉得您認為如何？」

　　客戶：「與這個相比，當然是你一開始介紹的保險比較好啊！至少投保之後，時時刻刻都有保障。」

　　小朱：「對呀。我想您已經瞭解到保險真正的意義。希望自己和家人無時無刻都能享有安全的保障，對嗎？」

　　客戶：「好吧，那我就保你一開始介紹的那個方案吧。」

　　激將法是一種有效打動客戶的方式。當客戶感到有可能失去某種利益或受到某種威脅時，就會在最快的時間內做出決定，以擺脫內心的不安全感。業務員只要能找出客戶擔心的關鍵，並以正確的方式回應，就能讓對方做出購買決定。

　　面對客戶遲遲不願做出成交的決定，業務員心中難免焦慮不安，所以你要適時地主動出擊，利用「激將法」為客戶製造心理失衡的條件，無論是讓客戶感覺失去某種利益，還是感受到某種隱憂，都能促使客戶盡快做出成交決定。那在現實銷售的過程中，業務員該如何使用「激將法」來促進成交呢？

1. 提醒客戶可能喪失某種或某些利益

　　當一個人感到自己可能失去某種利益時，就會想辦法挽回，以避免喪失利益。因此，業務員可在客戶不願做出決定時，向其表明如果不購買產品，則有可能失去某種利益。例如，你可以向客戶表示：「我們的特惠活動截止時間為今天打烊，明天我們就會恢復原價。」或「對於這種產品，我們公司以後再也不會打這麼低的折扣了。」等等，讓客戶知道若不盡快做出決定，將會受到怎麼樣的損

失，丟去多少利益。這樣一來，客戶就會盡可能地快速決定，避免
自身利益受損。

2. 暗示客戶可能面臨某種威脅或隱憂

有時縱使業務員利用產品的價值來誘導，還是有可能無法觸動
到客戶的心，例如品質上乘、價格合理等。此時的業務員得使用另
一種方法，讓客戶感覺到若不購買產品，有可能產生某種隱憂或受
到某種威脅。業務員向客戶暗示的這種威脅並非有意恐嚇客戶，而
是從根本需求出發，認真地分析，並給對方善意的提示。

例如，當一名顧客購買一件衣服，遲遲無法做出決定時，業務
員可利用產品限量這點，來營造出催眠意境，對客戶說：「若您購
買其他衣服，有可能會一直和路人撞衫，但如果您買這件衣服，就
不會發生這個問題，您也知道這件衣服是限量款。」也就是說，你
在營造催眠意境的時候，要先製造出一股威脅感，然後再提出解決
方法，解除對方的擔憂，藉此方法讓顧客瞭解若不購買，可能會產
生的隱憂，迫使他們做出決定。

當然，如果條件允許，你還可以將這種隱憂、威脅，和客戶的
健康、安全連結起來，暗示客戶若不能決定購買此類產品或服務，
那他們自己和所在意的人，他們的健康或安全可能受到一定的威脅，
暴露在危險之中。

3　讓客戶主動成交，實現 Win-win

業務員在與客戶溝通後，若能達成「雙贏」的結果，你可以說他是名優秀的業務員，但還稱不上卓越；因為卓越的業務員不僅能實現「雙贏」，還能使自己和客戶都從這場交易中獲得最大的利益。什麼意思呢？這是指在有限的條件下，客戶從這場交易中得到了想要的產品、服務，獲得了最大的心理滿足，而業務員也相對在這個基礎上得到了不能再多的回報；也就是說，買賣雙方一點點的利益流動，都會給彼此造成雙倍的損失。

對業務員來說，要達到這種境界並不容易，但只要達到，業務員就能贏得長久穩定的客戶群，使銷售業績居高不下，讓自己的工作如魚得水，輕鬆無比。

在一些運轉高效的大企業中，企業與員工之間都遵循著這樣的利益最大化原則，使企業留住了精英，又得到了可觀的利潤。業務員也應該從中借鑑這些管理知識，懂得在銷售中把握利益的流動，藉由利益得到利益。接下來，我就來告訴你該如何實現自己和客戶利益最大化。

1. 站在客戶角度，從客戶的利益出發

業務員不論在銷售還是服務時，都應該站在客戶的角度思考，針對客戶的需求介紹自己的產品，讓客戶明白他接受你的產品能得到什麼好處。客戶只有在明確自己的利益後，才會對產品產生購買欲望，交易才能進行下去。

　　莉莉是一間房地產公司的業務員，他們公司最近在推一個新建案，所有的人都在忙著賣屋，但因為建案地處偏遠，很少有客戶走進來詢問。

　　一天，莉莉終於接到一組想看房的客戶，積極地向客戶介紹他們的房子：「您看我們的房子怎麼樣？我們大樓四周環境優美，風景秀麗，安靜宜人，很適合居住。」在莉莉的熱情介紹下，客戶也流露出一臉興致，於是莉莉趁機說：「要不帶您去看看樣品屋吧！」

　　客戶欣然接受了莉莉的請求，跟著莉莉來到了樣品屋。莉莉知道這位客戶是一位高學歷的商務菁英，對於書房的要求很高，特意把客戶帶進書房，並順手拿起了書桌上隨意展示的一本書遞給客戶，讓他坐在書房裡體驗一下購買此屋的好處。而客戶確實也是一個愛讀書的人，坐下來感受了一下，不由發出感慨：「這個地方真安靜，是個讀書的好地方，我喜歡。」

　　莉莉接著又把客戶帶到其他房間參觀，讓客戶留下很好的印象。在莉莉的努力下，客人終於決定買下頂樓其中一戶，而莉莉也成了這個新建案賣出房子的第一人。

　　莉莉之所以能夠成功，是因為她發現了客戶買房時的一個大需求——希望擁有一個可以安靜下來閱讀的空間，莉莉抓住並滿足了客戶的這個大需求，從而順利地賣出了房子，而這就是業務員站在客戶的角度去替客戶想其所需的好處。

　　業務員可以透過詢問瞭解客戶購買產品的原因、目的，或是觀察客戶的言談舉止，瞭解客戶的需求是什麼。比如客戶買房子時，

有孩子的客戶會考慮的是孩子要有活動的空間及好的學區；老人想要安靜、方便進出的環境；上班族希望住家周遭交通便利，通勤方便等等。只有瞭解並滿足客戶的心理需求後，催眠自然就容易成功，順利成交。

設身處地瞭解客戶需求，才是銷售能夠成功的關鍵。像是在銷售各式連動式債券前，理財專員王家芸一定認真研讀完商品的性質與內容，對於客戶的疑慮，她會很有耐心一個字一個字地將合約條文解釋給客戶聽，該注意的地方一定用紅筆或螢光筆劃起來，客戶看不懂，就先帶回家研究後再跟客戶討論，在扣款之前，她還讓客戶有「後悔取消」的權利。她的客戶某電子公司的老闆娘，就是因為覺得王家芸認真，值得信賴、親和力夠，總會優先考慮客戶的需求，才放心將她個人和公司逾億元的資產委託給王家芸管理。

2. 提供對客戶而言最有價值的產品

為了獲得更多利益，有些業務員會想方設法給客戶推薦貴的產品，其實這是不正確的。同樣，為了節省交談時間和精力，有的業務員會逕自向客戶介紹某件熱銷的產品，這也是不正確的。雖然這樣做能讓業務員在短時間內獲得可觀的收益，可一旦客戶發現產品不僅貴又不適合自己，或是多數人喜愛產品，唯獨自己用起來不順心，那對業務員來說，無非是一種潛在危險。因為客戶會將不滿的信號傳遞給其他人，使潛在客戶的數量減少，從而間接影響到業務員的長期收益，致使自己和客戶都兩敗俱傷，都沒能得到最大利益。

為了給客戶盡可能多的利益，更為了保護自己的利益，業務員

千萬不要只顧眼前，短視近利，要結合客戶的需求和特點，推薦客戶最有價值意義的產品，這樣他才能買得放心，用得舒心，並把自己的感受告知身邊的人，替你招來更多客源。如此下來，業務員不僅讓客戶獲得了更多利益，同時也為自己再次銷售打下基礎，保護了自己的潛在利益。

時任宏泰人壽處經理的陳淑芬，就是因為堅持「把客戶的權益視作自己的權益」，才能靠老客戶介紹客戶的口碑行銷，讓她打敗金融海嘯。因為她把客戶的權益當作自己的權益來看待，所以她堅持不銷售投資型保單。雖然這是絕大多數的保險公司力推的主力商品，但就算客戶要求要買，她仍會婉拒，因為她認為——投資賺錢，客戶們比我更懂，不需要我為他們費心。

她表示，「資」字拆開來看，是「次」與「貝」，即次要的錢；投資，就有風險，保險的精神是保障，是為萬一預做準備，保險和投資不該混為一談。把客戶的事都當作自己的事，在細節處下功夫，為客戶降低風險之際，陳淑芬也為個人品牌做了最好的風險控管。

3. 讓客戶瞭解到真實情況

為了獲得更多利益，一些業務員會有意規避一些事實，如產品的某個缺點，或服務上的某個漏洞，認為這樣能揚長避短，其實這恰恰是在損失業務員自己的利益。客戶不會永遠被蒙在鼓裡，業務員只能贏得暫時的利潤，一旦客戶發現產品的真實情況，業務員在客戶心中的印象就會一落千丈，客戶也不會再與這個業務員合作第二次，因此，若不讓客戶瞭解到真實情況，業務員最後只會成了利

益的損失者。

你要學著不過度美化問題，盡量幫助客戶解決問題。如果你有機會幫助客戶解決問題，那麼千萬不要錯過時機，盡一切可能幫助客戶，是業務員取得事業上成功和超越競爭者最有效的方法。例如房仲業務員介紹的房子是臨近公園的，那麼可以想見這個物件的缺點是蚊蟲比較多，晚上住家附近會比較暗，會有安全上的顧慮，你可以建議買主晚上過來看；怕蚊蟲太多，可以建議客戶用香茅加稀釋的酒精撒在一樓樓梯間來防蚊，主動先幫客戶找解決方法。只要先打預防針，先點出問題，千萬不要把事情講得太滿或太 over，其實客戶（後來）都是可以接受的，對你的信任度也會提高許多。

做生意要放長線釣大魚，眼前的一點利益得失並不能決定什麼，長久的合作才能幫業務員贏得長久的利益。業務員讓客戶瞭解到產品的缺陷和服務中可能出現的漏洞，反而會讓客戶感受到業務員的真誠，贏得客戶的尊重。世上沒有十全十美的產品和服務，只要業務員表明改進的決心，強調改進的時程與具體措施，贏得客戶心理上的認同，他們自然會接受你的催眠；只要留住客戶，就不愁沒利潤可賺。

國際函授學校丹佛分校經銷商的辦公室裡，戴爾正在應聘業務員。

艾蘭奇先生看著坐在面前的這位身材瘦弱，臉色蒼白的年輕人，忍不住先搖了搖頭。從外表看，這個年輕人顯示不出特別的銷售魅力。他問了年輕人姓名和學歷後，又問道：

「你曾經做過推銷嗎？」

「沒有！」戴爾答道。

「那現在請你回答幾個有關銷售的問題。」

艾蘭奇先生開始提問：「業務員的工作目的是什麼？」

「讓客戶瞭解產品，從而心甘情願地購買。」戴爾不假思索地答道。

艾蘭奇先生點點頭，接著問：「你打算如何跟客戶展開銷售？」

「『今天天氣真好』或者『你的生意真不錯』。」

艾蘭奇先生還是只點點頭。

「你有什麼辦法把打字機賣給農場主？」

戴爾稍稍思索一番，不急不徐地回答：「抱歉，先生，我沒辦法把這種產品賣給農場主人。」

「為什麼？」

「因為農場主人根本就不需要打字機。」

艾蘭奇高興得從椅子上站起來，拍拍戴爾的肩膀，興奮地說：「年輕人，很好，你錄取了，我想你在這一行會很有發展！」

此時，艾蘭奇心中已認定戴爾是一個出色的業務員，因為測試的最後一個問題，只有戴爾的答案令他滿意。之前的應聘者總是胡亂編造一些說法，但實際上絕對行不通，因為誰願意買自己根本不需要的東西呢？硬讓「農場主人」接受「打字機」，只會讓自己失去客戶。

💡 4. 和客戶進行條件交換

做生意的實質就是買方與賣方的條件交換，賣方提供產品、服

務和技術，換取買方的金錢，有等價的利益交換，才有買方與賣方的成交與合作。在銷售中業務員也應該充分借助這個原則，用等價的產品或服務，換取利潤和客戶的信任。

　　一家電器銷售連鎖企業在週年慶期間開展了優惠大酬賓活動，在數位相機櫃位前，一名銷售員正向一位中年女士介紹數位相機。最後，客戶採納銷售員的推薦，選擇了一款數位相機，在開發票時，銷售員問客戶：「這款產品可以延長保固期，現在的保固期是一年，如果加一百元，保固期可延長到三年；如果加兩百元，保固期可延長到五年，且保固期內換零件都免費。像您這樣的年紀也不像年輕女孩一樣趕潮流，買個相機也會用上幾年。如果購買了這個服務，那麼一旦相機出現問題，我們都會提供免費維修，對您來說非常划算啊！」

　　客戶聽了覺得很有道理，於是又加購了一個保固延長到三年的服務，多付了一百元。

　　其實在三年之中，客戶購買的相機不一定會出現問題，他們也不願意自己的相機出問題，但為避免麻煩，他還是願意多加一百元，只為買個心安。就好比買保險一樣，投保人並不希望自己出事，花錢買保險，只為買個心安，多數的利益還是被保險公司賺走了。這就是一種條件交換策略，業務員在情況許可下可以靈活使用這種催眠技巧，也能盡可能賺到更多利潤，也讓客戶感覺得到好處。

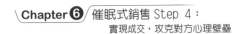

 ## 適當讓步，實現 Win-win

作為業務員都知道，在銷售的過程中，價格永遠是最令人頭疼的問題，買賣雙方只有在價格上達成一致，才有可能實現成交，但很多情況下，業務員卻始終不肯讓步、一味地堅持自己的立場，而讓價格談判陷入僵局，導致整個銷售的失敗。在現實的價格談判中，人們常說：喊價要狠，讓步要慢。人們總是較珍惜難到手的東西，所以談價格的時候也是如此，客戶不會欣賞唾手可得的成功，太容易到手的東西，他們反而不太會珍惜。因此，你可以從中找出平衡點，適度地實施催眠技巧，讓客戶努力爭取能得到的東西，即使要做出讓步，也不要輕易表現出來。

客戶：「我還是覺得有點貴……」

業務員：「這雙鞋特別受歡迎，但因為數量有限，所以我只推薦給我認為較合適的女孩。不久前有一個女孩想殺到 330 元，和我周旋了很久，但我最後沒有賣給他。不如你給出個價吧，你想多少錢買？我在斟酌斟酌。」

客戶：「330 元也不賣？」

業務員：「對，這個價我都沒賣了，更低當然不可能呀。」

客戶：「那 350 元？我也不想和你討價還價。」

業務員：「好，可以，我幫你用鞋盒裝起來。」

案例中的業務員是聰明的，面對即將成交的討價還價，她適當讓了一步，留住客戶，讓他們主動喊價，但你認為那 330 元到底是

不是最低價呢？這就無從得知了，可這種方式，絕對是最明智的催眠技巧。

如何把讓步作為談判中的一種基本技巧、手段加以運用，這是讓步策略的基本意義，而瞭解讓步的形態和選擇是運用好讓步策略的基礎，以下我提出幾點讓步的催眠策略：

1. 使對方率先做出讓步

誰先讓步也是讓步策略中的一個問題，先讓步的絕對容易失去談判的主動地位，因為先讓步的一方必定會在心理上先處於劣勢；所以，業務員一定要盡力讓客戶先做出讓步，即使你非讓步不可，你也要在能得到一些回報的基礎上讓步。

2. 給對方一個讓步的理由

先做出讓步的那方心理會有一定的壓力，而且會丟失面子，所以業務員一定要學會找出有利於雙方的臺階，順勢讓客戶做出讓步。比如，為對方的讓步盡量保守秘密等。

即使是老練的談判專家，有時候也不得不讓步，不過在這種極為不利的形勢下，你仍要設法應付，以保住談判的主動權。而在這種情況下，最重要的是先向對方詳細說明之所以讓步的理由，讓對方瞭解，你並非因為立場不穩，或是所提出的主張不夠正當，才讓步的。

3. 做好讓步計畫

業務員要明白，讓步是談判中不可缺少的一部分，要想談判成功並獲取最大的利益，你就要學會如何巧妙地計畫出你的讓步內容和步驟，因為讓步並不是無規律可循的，你平時要未雨綢繆、有計畫的做事，才會讓事情多一分勝算。

4. 善於觀察，探對方口氣

在成交前中，業務員如果過早做出承諾，容易陷入被動局面。所以在讓步的時候，不要在沒有預見到長期或短期後果前，就決定做出讓步。正確的催眠技巧是：試探地向客戶提示你的讓步，然後密切觀察對方對你的提議做出什麼反應（口頭或書面的）。可參考的說法如「假如我……你會怎麼說？」根據客戶的反應和表現，再考慮是否要讓步、做出多大的讓步。

5. 徵求讓步條件

不管什麼時候，業務員都不要忘了互惠互利的原則，即在提出讓步的同時，也要求對方做出對等地讓步。可能的話，在讓步之前，先提出某個「交換條件」，並告訴對方：「我知道了，關於這一點，我可以做出讓步。不過，我希望你也能……」讓對方知道，這個讓步不是單方面的，而是彼此「各讓一步」，防止主動權落到對方手中。

6. 讓步不能過於頻繁

有些高明的業務員在談判的時候，並不是不願意讓步，而是會巧妙的做出讓步，且不會讓步得過於頻繁，次數過多。所以，對於讓步的關鍵其實並不在於要不要讓步，有時反而是該如何讓步。

讓步無非有兩種組成因素，一個是讓步的幅度，一個是讓步的次數；一般來說，讓步幅度不能過大，讓步的次數也不能過於頻繁，這樣的讓步才最容易取得成功。因為讓步的幅度如果過大，或次數過於頻繁，就會輕易暴露自己的談判底線，使自己陷於被動，要想重新催眠和引導客戶，難度就會加大許多。

4 成功的催眠式銷售，
其實就是講個動聽的故事

　　一般人都誤解催眠式銷售要像金光黨一樣，很會騙、很會說話，才能「很會賣」。其實，催眠式銷售的核心價值就是「為銷售營造出一種意境」，由自己出發，為商品挖掘、整理一個真實故事，在適當的時機，跟適當的對象講適當的內容，才能影響他人採取行動，更不只掏錢購買，還會主動推薦口耳相傳，效果勝過千萬廣告費！所以，若想成功施行催眠式銷售，就要從創造故事開始，創造、整理、傳遞你獨一無二的故事，深植在對方的潛意識之中，才是製造銷售氛圍的好開端。

　　因此，任何人都可以做好「催眠式銷售」，只要你願意聆聽自己內心的真實聲音，善加運用「說故事」的能力，就能替自己締造輝煌的業績。時任台灣賓士汽車業務副理張明揚就是一典型案例，他經常和他的客戶分享親身發生的故事，很多人聽完後，即便當下沒買，但日後想買車的時候，自然就會想到他，而去找他買車。

　　根據哈佛研究報告指出：「說故事可以讓行銷獲利八倍以上！」故事，是人類歷史上最古老的影響力工具，也是最具說服力的溝通技巧；業務員若擁有感人的服務故事，必定會引起客戶的共鳴，進而成交。當然，你說的故事必須是用來證明客戶的選擇沒有錯，切忌不要用故事來反擊客戶，令對方難堪，讓他對你心生厭惡，而流失一名客戶。

　　你也可以舉自己或家人、朋友的故事來營造氣氛，告訴你的客戶，為什麼需要這個商品？這項產品會為他帶來什麼正面的好處？還記得本書開頭我所說的嗎？其實銷售就是在提供客戶一種體驗，

喬‧吉拉德（Joe Girard）便是利用新車皮革的氣味、新車試駕感，以此來加深客戶購買的意願；而故事往往能帶領人們身歷其境，給消費者一個體驗感。

多說一個小故事，能讓客戶多認識你一些，而說故事，可以創造需求與商機，客戶的需求也許就在你的熱情分享故事之下被喚醒，當然也會多一份商機！業務員在與客戶進行第一次見面時，就可以簡單地分享自己人生的小故事讓客戶更快認識你，甚至說一個創辦人的小故事也可以；遇到客戶對產品有所疑慮時可以說另一個客戶的見證故事，發揮「信心傳遞」與「情緒轉移」的效果。

那要如何把重要的銷售訊息，說到客戶心坎兒裡呢？這時就可以好好運用催眠的力量，從「講一個好故事」，進而為客戶創造「擁有之後的願景」，透過故事準確「投射」出對方想要的願景。只要你主動說一個故事，出發點是為了讓彼此雙方能有更好的銷售意境時，對方一定可以感受到你的用心！

一般人會比較喜歡跟一個親和力夠、幽默、耐心、專業的人購買商品，當你製造一個銷售氛圍後，你全身每個細胞都會散發出無比的魅力，這時，客戶再聽完你的故事，對方的心裡也許會萌生這個念頭：「XXX，我們什麼時候可以再碰面呢？你的故事充滿了啟發與趣味，跟你聊天好有意思哦………」當對方喜歡上你的時候，也就表示成交有望了。

嚴長壽曾說：「說故事的先決條件一定要自己先感動，有所啟發，才能感動其他人。」而且故事必須在一分鐘內就先讓人心動，全長不宜超過三分鐘，否則聽眾會失去耐心。前三十秒，就要講到人入勝之處，讓人想聽下去，再來就是故事中最精采之處，可以用

問題、數字或比喻，將個人情感與內心矛盾之處投射到故事中，透過故事讓對方瞭解、信任你，傳達你想要表達的產品價值和為客戶帶來的利益，自然就能創造成交機會。」

時任永慶房屋復興民生店店長陳賜傑，他就是一位喜歡跟客戶分享別人投資店面成功故事的銷售高手。陳賜傑說：「我喜歡聽客戶的故事，也喜歡將客戶賺大錢的故事分享給其他客戶；後來，我發覺，這也是不動產仲介一個很好的溝通橋樑，當我在為每一個客戶尋找物件，幫他們完成一筆生意或一個房東夢想的同時，也在幫他們寫下另一個築夢的故事。」

高價保養品品牌海洋拉娜的超級銷售員沈莉萍，總是能讓顧客回來和她分享使用後的感覺，然後她再將令人印象深刻的「故事」，轉而分享給其他的顧客。沈莉萍曾遇到一個長年在海外購買的愛用者，聽到對方已經使用海洋拉娜有二十年的經驗，就如獲至寶地和對方約時間、詢問她的使用經驗，「你一定看不出來，我六十歲了，這就是我二十年來都離不開海洋拉娜的原因。」結果這個老主顧的經驗談，變成了被沈莉萍不斷傳頌的傳奇故事，為她的業績推波助瀾，成為她催眠客戶的一大利器。

接下來，就舉兩個說故事行銷的範例，看完後，你也可以試著以自己的體驗說出成功催眠他人的動人故事！

1. 永遠不要有這一天

在我十五歲時，父親買山，買挖土機，準備一展鴻圖，沒想到有一次上工，忘了拉手煞車，挖土機重心不穩，竟將我父親活活壓

死，且不幸的是，他生前並沒有買任何保險。

當時我正在參加救國團活動，連夜飛奔回去，看著家門前蓋著白布，剎時昏了過去。

這個意外打斷了我升學之路，卻也讓我深刻地體會到保險的重要性，成為日後投入這行的動機。

當時的我，只要一到夜深人靜的夜晚，對爸爸的思念特別強烈。爸！媽媽現在每天很早就出門去送報紙，前天媽媽在送報紙的途中，被一群野狗追，不小心跌倒，媽媽的兩條腿都流血了，晚上我還聽到媽媽在哭，哭得好傷心；今天下午我和弟弟回家，媽媽不在，桌上有兩個粽子，弟弟吃一個，我吃一個，吃完後我叫弟弟去做功課，可是弟弟說肚子餓沒吃飽，一直吵著要爸爸。爸！我不知道要如何回答。

下個月學校要開學，媽媽為了籌學費供我們姐弟唸書！每天兼好幾份差，好辛苦喔！昨天晚上我偷偷去摸她的手，原本細嫩的手多了幾個厚繭，變得好粗喔！爸！你快點回來，我好想你，想到以前我們一家四口出遊的情景，我的淚水已奪眶而出，明知盼不回你，但我還是要告訴你：爸，我愛你！

記得我剛入行時，有一個擔任粗工的客戶，與孩子玩遊戲時不慎跌倒腦死，就在全家人陷入愁雲慘霧之際，因為他有投保意外險，公司核發四百多萬理賠金，當我把錢交到他太太手裡的那一刻，她淚如雨下，立即對我跪了下來，足足跪了三十分鐘不肯起來！後來這個客戶的太太還幫我介紹了五位客戶。

投入保險近二十年，入選美國壽險百萬圓桌會員超過十次的我，每一次站在台上都會分享這一段話：「意外和明天，我們不知哪一

個會先來？我們能做的就是做好規劃，這是一種對家人的愛。更是支持我在這行業，持續下去的原動力。」

💡 2. 走過死蔭幽谷，助人渡過生命低潮

大家都有聽過黃禎祥老師吧？接下來，我就來講講他向我分享的人生故事，令人為之動容。

喪父之後母親改嫁日本，我（黃禎祥）和弟妹三人分別給不同的親戚扶養，我是阿公、阿嬤帶大的，此後就很少見到母親，家人形同四散，靠領著兩份救濟金長大，因為幼年貧窮，讓我立志要賺大錢。在高中畢業之後，我獨自一人北上，開始了追求財富的圓夢之旅。在輾轉嘗試過許多行業之後，一次的因緣際會之下，一個應徵廣告——「虎年徵虎將」，對房地產一竅不通但屬虎的我，因而一腳踏入房仲業。

剛開始進入這一行，走得並不平順，在連續三個月業績掛零，險些喪志離開，後來因貴人的相助與組長的協助，讓原本個性內向耿直的我終於開竅，終得在房仲業大放異彩。但就在人生剛變彩色的時候，卻因為一次投資失誤，公司慘賠上億，個人還負債上千萬，我當時也不知道該怎麼辦才好，壓力大到得了胃潰瘍和十二指腸潰瘍，一想到被債務追著跑的日子，心裡就很害怕，覺得自己一定熬不下去，所以決定結束自己生命。

我是個非常「目標導向」型的人，所以當時我有個想法，要選一個自己最想永遠安息之處，那就是「美國的舊金山金門大橋」，從金門大橋望出去，風景非常美麗，就像火紅的熱情橫跨在藍色的

憂鬱上，據說此處也是許多人自殺的選擇，再加上「I leave my heart in San Francisco」是我最喜歡的一首英文歌，貧病交迫的我決定到美國舊金山金門大橋結束自己的生命。

　　事情有時就是那麼巧，有位阿姨聽說我要去美國，就借了一筆錢給我當旅費，想請我順便帶一大箱台灣沒有販售的維他命給她，還說舊金山有個不錯的課程，有時間的話建議我去聽一下。我當時才不管什麼維他命不維他命，什麼課程不課程，反正有人借錢給我買機票去美國結束生命就是了。

　　我終於如願上了金門大橋，就在我準備往跳下的時候，耳邊非常清楚地聽到一個「走過去」的聲音，這裡是美國，怎麼會有人講中文，而且，四下無人，正納悶之際，又聽到了兩次非常清楚的「走過去」，心想：「好吧，走過去就走過去，既然都已經來了，總不能連金門大橋是什麼樣子都沒有欣賞過吧！」於是我開始從橋的這一端走到另一端，沒想到我的人生竟出現重大轉折。

　　我看到有位年紀很大的老太太帶著兩名幼童和一大堆行李，行李太重，老太太顯得很無助，我不知哪來的念頭，就主動幫忙把行李搬運了過去，老太太她那充滿感激的眼神卻觸動了我的心，我心想：「在我一無所有的時候還可以幫助人，這比在房地產賺到月收入百萬還要快樂！我發現我找到生命的另一種感動！原來我還是個有用的人。」

　　後來在我準備跳下去的瞬間，人生如一幕幕電影在腦海中放映，最後停格在那位借給我錢的阿姨上，我想到如果之後阿姨知道她借錢給我是助我自殺的一臂之力，那她此後的人生不是會活在無盡的懊悔中嗎？我怎麼能讓人家在不知情之下做了後悔一輩子的事！最

後決定先去聽阿姨推薦要去聽的那場演講。

結果一聽之下，我備受激勵，決定不死了。那位演講者是位退休的公務員，在開創了事業的第二春之後，月收入二百萬美金，我真的非常震撼，他老兄一個月的收入就可以抵我所有的債務還綽綽有餘，人生機會這麼多，我怎麼能就這樣放棄了呢？

後來我（黃禎祥）並沒有自殺，反而找到自己的志業，並在新加坡向許多世界大師學習，包括心靈雞湯的作者──馬克・韓森（Mark Hansen）、世界潛能激勵大師─安東尼・羅賓（Anthony Robbins）、世界房地產銷售冠軍─湯姆・霍金斯（Tom Hopkins）、世界行銷之神──傑・亞伯拉罕（Jay Abraham）……等，短短三年的時間我從低潮爬到巔峰，因此決定把這些大師的智慧帶回台灣跟大家分享，激勵和影響更多人的生命。當年沒有在金門大橋縱身一躍的我，如今願意貢獻自己的人脈與所學，成為幫助人們走過生命谷底，邁向新生的生命橋樑。

各位讀者們，聽完上述兩則故事你有什麼感受呢？不曉得你有沒有得出什麼體悟？其實催眠式銷售一點都不困難，不過就是運用語言的魔力，在創造對方感覺的過程，同時強化印象，讓語言產生一種無形的推動力跟感染力。帶動顧客朝你的方向找證據，朝你的方向做思考……最後依你的方向完成交易。只要抓住這個精隨，人人都可以成為催眠大師。

一切，都那麼自然的進行！

借力使力最佳導師—— 王晴天 大師！

王晴天博士為兩岸知名的教育培訓大師，其所開辦的課程都是叫好又叫座！有本事將自己的 Know how、Know what 與 Know why 整合成一套大部分的人可以聽得懂並具實務上可操作性極強的創富系統，是值得您一生跟隨的最佳導師與最給力的貴人！

玩轉眾籌二日精華實作班

2018 7/28～7/29

兩岸眾籌大師王晴天博士開的眾籌課已逾 135 期，中國場次場場爆滿，一位難求。大師親自輔導，教您透過「眾籌」輕鬆玩轉企畫與融資，保證上架成功並建構創業 BM！

★★★★★課程學費：29,800 元

史上最強寫書 & 出版實務班

全國最強 4 天培訓班，保證出書，已成功開辦逾 66 期，是你成為專家的最快捷徑！由出版界傳奇締造者、超級暢銷書作家王晴天及多位知名出版社社長聯合主持，4 大主題 ▶ 企劃 ╳ 寫作 ╳ 出版 ╳ 行銷一次搞定！讓您成為暢銷書作者!!

2018 8/11、12 10/20 11/24

★★★★★課程學費：39,800 元

公眾演說 & 世界級講師培訓班

2018 9/8、9 9/15、16

王晴天博士是北大 TTT（Training the Trainers to Train）的首席認證講師，課程理論與實戰並重，把您當成世界級講師來培訓，讓您完全脫胎換骨成為一名超級演說家，站上亞洲級、世界級的舞台！

理論知識＋實戰教學＋個別指導諮詢＋終身免費複訓

★★★★★課程學費：49,800 元

市場ing 的秘密＋接建初追轉

地表最強、史上最強的行銷．銷售．成交課程：上完課，你將成為世界上最強的銷售大師！名師親自指導，保證收入以十倍速提升！想接受魔法般的改變與升級嗎？

2018 10/21 10/27、28 11/3、4

終身免費複訓．保證有奇效！

★★★★★課程學費：129,800 元

王博士 另有 易經班（3 年一期，Next 2020 年開課）、幸福人生終極之秘（4 年一期，Next 2021 年開課）、人生最高境界（5 年一期，Next 2022 年開課）之經典課程，敬請密切鎖定官網訊息。

★★★ 超值！超值！再超值！保證有結果的培訓課程！★★★

★ 加入王道增智會成為晴天弟子者，本頁課程均終身全程免費！★

報名及查詢 2019、2020 年開課日期
請上新絲路官網 www.silkbook.com

史上最強 行銷絕對完勝營

你是否想讓業績獲得三至五倍的增長，成為更高層次的生意人？
BU 提供你最有系統地賺取財富方法！

由**王晴天**博士「**市場 ing 的秘密**」+**吳宥忠**老師「**接建初追轉絕對完銷**」聯名課程，
王晴天 · 吳宥忠師徒聯手打通你的任督二脈！名師親自指導、保你進步神速！

ing ❶ 成交的秘密

王晴天博士畢生絕學，在此傾囊相授，只要搞懂成交的關鍵，賣什麼都 OK！

ing ❷ MTM 關鍵行銷

唯有掌握趨勢，才能做出最有效的行銷策略，就是要您學會世界行銷大師的眼光及判斷力！

ing ❸ 642WWDB

你知道要怎麼快速建立起萬人團隊嗎？擁有神團隊，未來的困難都無所畏懼！

ing ❹ 接建初追轉 絕對完銷

業務不可不知的超級完銷系統，包你爆單、接單接到手軟！

市場 ing

加入王道增智會成為晴天弟子者，全部課程均免費！

學費：**$129,800** 元　　八大會員價：**$99,800** 元

王道會員價：**$59,800** 元　　98000PV 弟子：**免費**

日期：**2018** 年 **10/21 · 10/27 · 10/28 · 11/03 · 11/04**

報名及查詢 2019、2020 年開課日期請上　新·絲·路·網·路·書·店 silkbook○com　**www.silkbook.com**

從東岸哈佛的 **Case Study** 到
西岸彼得杜拉克的 **Business & You**，
一直到魔法講盟的 **ABU、BBU、WBU……**

一個決定，讓你享有
財務自由的人生。

BUSINESS & YOU

★ **BU** 華文講師群已出版百本著作，其中有三本菁華版、二本秘笈、一本超級講義 & Notebook，絕對可以一步步地建構你自己的創富系統。

★ 從種子 → 開花 → 結果，從含章 → 內在 → 行文 → 外在，BU 大師們將手把手地協助你確實改變！絕對成功！

★ **BU** 就是 21 世紀變成有錢人與快樂人的公式耶！

公式 1 ▶ 路是 ＿＿＿＿＿＿＿＿ 走出來的！

公式 2 ▶ The best way to predict the future is to ＿＿＿＿＿＿＿＿＿ .

公式 3 ▶ 好教練、好 BM、好 ＿＿＿＿＿ 、好 ＿＿＿＿＿ 、好 ＿＿＿＿＿ ！五好盡在 BU!!

公式……**全球最佳國際級成人培訓課程** **B&Y** 每期僅收 30 人（五小組），

一次繳費，終身免費複訓！無限高端人脈!!
一級講師全程華語中文授課，無翻譯困擾！每年新教材 & PPT 全球同步！

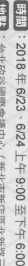

創見文化，智慧的銳眼
www.book4u.com.tw　　www.silkbook.com